◆ 青少年感恩心语丛书 ◆

常和父母比童年

◎战晓书　编

吉林人民出版社

图书在版编目(CIP)数据

常和父母比童年 / 战晓书编 . -- 长春：吉林人民
出版社, 2012.7
　(青少年感恩心语丛书)
　ISBN 978-7-206-09116-2

　Ⅰ.①常… Ⅱ.①战… Ⅲ.①成功心理 – 青年读物②
成功心理 – 少年读物 Ⅳ.①B848.4-49

　中国版本图书馆 CIP 数据核字(2012)第 150951 号

常和父母比童年
CHANG HE FUMU BI TONGNIAN

编　者:战晓书
责任编辑:郭雪飞　　　　　　　封面设计:七　洱
吉林人民出版社出版 发行(长春市人民大街7548号　邮政编码:130022)
印　刷:北京市一鑫印务有限公司
开　本:670mm×950mm　　1/16
印　张:12.75　　　　　　　字　数:150千字
标准书号:ISBN 978-7-206-09116-2
版　次:2012年7月第1版　　印　次:2023年6月第3次印刷
定　价:45.00元

目　录
CONTENTS

目 录
CONTENTS

目 录
CONTENTS

目　录
CONTENTS

"人"字的写法

更生是我的初中同学，出生不久便遇上"文革"。他的父母双双被打倒并被"踏上一只脚"，只好忍痛把他送给膝下无儿无女的远房亲戚抚养。

亲戚于是变成了养父。

养父是位民办老师，写得一手好字，性情温和，凡事以理服人，从小到大，没骂过他一次，没动过他一根指头。养父虽然不是什么鸿儒，也没有教出满天下的桃李，更生从小却从他那里受到了良好的教育。更生认识的第一个字便是"人"字，自懂事起，养父就开始由浅入深深入浅出地向他灌输做人的道理："人"字看上去简单，其实是世上最复杂的东西，不过呢，做人还是堂堂正正简单一点好：羊有跪乳之恩，鸦有反哺之义，做人顶顶重要的就是不能忘本……

12岁那年，更生考上中学。整个村子只有他一个人考上，村子距乡里的中学有30里之遥，全是坎坷的山路，其中有一半的路程穿过林子。那林子是原始森林，树木密密麻麻，树冠厚如棉絮，路上铺满落叶，脚板踩在上面发出"扑哒扑哒"的声音，好像后头有人在跟踪追击。另外时常还有野兽蹿到路上，非常恐怖。更生不敢独自行走，养父每个周六下午都要到半路（林子尽头）接他，周日下午再送他至半路。养父风雨无阻地接送了两个学期，更生才锻炼出胆量，终于敢独自上路了。

聚散两依依，每一次分别，更生都要望着养父的背影热泪长流（开始流在脸上，后来流在心里），直到那背影在眼里模糊成大写的"人"字，才挥一挥手，心潮澎湃地走向学校。后来，更生又模糊在养父的视线里，挥一挥手，心潮澎湃地走向更远更宽的天地，并在那更远更宽的天地里拥有了自己的小天地自己温暖的家。

成家之前，每到年终，更生便归心似箭：回家的路再长再艰难，也要踏着雪踏着雨踏着泥泞而归。后来有了妻子和孩子，回来的次数渐渐少了，钱还是按时寄上，同时附上一封滚烫的家书，直读得养父如坐春风如饮甘露。再后来，更生不仅不回来过年，连钱也不寄了，更不用说写信。理由只有一个：忙！一忙，就把恩重如山的养父抛到九霄云外去了……

关山之外的养父左等右等等不到更生的汇款和家书，写去的信也如泥牛入海，似乎明白了什么，便给他写去一封特殊的信，上面全是"人"字，大大小小的，歪歪扭扭的，真草隶篆各种写法，满满一页。更生看不懂，写信问养父您都写了些什么，一句话也没有全是"人"字，到底什么意思。养父没有回信。更生只好揣着那封信千里迢迢跑回来当面请教。

几年未见，更生胖得变了样，养父差点没认出。当晚，养父一边喝着老酒一边对更生说：你是见过大世面的人，怎么会看不懂这封信呢？那我就给你说说吧：上面全是"人"，是不是？比方说，这个楷小人，就是你小时候小不点儿；这个草大人呢，当然也是你，你长大了嘛，变复杂了嘛！人有大人有小人，也有歪人不厚重的人；有睡着什么也不干的人，也有脸一阔就什么人都不认的人。你看，这就是一个大写的"人"，你看他多正直，高高大大立在这里……

养父一番话直说得更生汗如雨下泪如雨下。当他跑到我家里述说这一切的时候，还"心有余悸"，不停地擦着汗流着泪。

（邱贵平）

笑破不笑补

　　对于偶尔失足而陷于困窘的人，我们万不可唯恐避之而不及，更不可反唇相讥，决不可落井下石。而应伸出温暖之手，帮他驱散自卑的阴影，重踏新生之途。

　　幼时为生计上山砍柴，穿荆过棘，虽小心翼翼，也不免会遇上忽地"嘶拉"一声，裤脚被扯开个大口子的尴尬局面。这时同伴们往往都会投之以同情。更有仁者会寻来针线，帮助我一针一线地缝合。缝进去的是同情，抽出来的便是友谊了。

　　一个补丁，往往记录着一段美丽的友谊佳话。

　　但如果此时偏偏遇上这么一个人，幸灾乐祸，拍手称快，奔走相告，恨不得让满村人都欣赏你的不幸。甚至雪上加霜，将手插进破口子再加一把劲，让你的裤子在山风中如旗帜七飘八扬，而他却享受着因此带来的病态快感，那再宽厚的你也会一生一世记恨他的。

　　尽可能拉人一把。

再富不能富了孩子

一日闲聊，话题扯向孩子，一位小老板昂首陈词：我绝不惯着孩子大手大脚，胡花乱花，但是也不能让孩子缺钱花，那样搞不好会心生邪念，误入歧途，所以我每天都给他10元钱零花。

此语一出，四座哑然。每天给孩子10元零花，还要冠以绝不能养成大手大脚的坏毛病、并杜绝了孩子因缺钱花而生"三只手"的妙论，真乃高论，绝论。

由此联想起日前某报载，99伊始，在哈尔滨开往香港的旅游车上，许多成年人蜂拥着往车厢里塞着成箱的饮料、水果、成包的火腿、香肠、面包及各种吃食，车上坐着一群翩翩少年。车行数日，少年豪饮、饕餮，且不用说，车行至深圳，按规定这些食品不能出关，于是少年们一甩手，把剩下的水果、饮料，成箱成箱的；各种火腿肠、香肠等，成包成包的，一股脑扔给了列车服务员。令列车员们瞠目的还不只这些意外的丰收，一路上列车员捡到手表4块和传呼机1只，而丢东西的学生要么就是根本没发觉，要么就是不在乎。旅游结束时，按规定每人付导游10元小费，车上不少阔妇老板，而出手最大方的仍是这些阔少，有4个少年竟慷慨出手100元。

笔者还发现，日下社会上大、中学生们祝寿之风日长；生日礼物由价格几元疯涨到几十元；生日宴会由家人小酌，以示祝贺又长一岁，发展成小寿星成桌成桌地宴请同窗好友，甚至把生日宴会搬进几百元一桌的大饭店，豪饮之后还要卡拉OK助兴。今日你如此庆寿，明天他那般贺岁，一年下来，掷千金而不足。钱哪里来？答曰：老爸的。

在中国，儿女用父母的钱，哪怕是儿女又有了自己的儿女，依然可以手心向上用老爹老娘的钱，这是天经地义的。家长有贫富，子女能享受的生活自然也有差距。但凡事总得有个度。每日能有10元零花钱，可以享受奢侈的旅游生活，经常设宴或送礼，都是家长给提供的经济条件过度了。

孩子富有是因为父母的富有，可是家庭富有就一定要让孩子过奢靡的生活？这样的孩子长大了能为生活吃苦？能为事业奋斗？能有远大的理想抱负？能有较强的办事能力？"富贵而骄，自遗其咎"，历史上的八旗子弟不就是前车之鉴？

一位学者曾与我谈起他在瑞士的经历。一日傍晚，响起轻轻的敲门声，门启处是一个八九岁的男童。他问："叔叔，买饼干吗？"原来这个男孩是为去邻近的德国与那里的小朋友比赛足球而筹措旅费。学者说，在西方许多国家的孩子从上小学就开始赚自己的部分生活学习费用，而上大学则完全自己养活自己了。这绝对不能说明西方人的家庭经济拮据，可是他们再富不能富了孩子。他们从小让孩子亲身体会到钱是要通过劳动来换取。应该承认西方人的许多观念是先进的，起码他们教育子女生活不奢侈，引导他们走向自立，是值得我们学习的。

可喜的是，我们身边已经有人开始这样做了。一友人的女孩对我说，她一入中专就开始了打工生涯：她给人干过计时工擦玻璃；在理发店干过清洁工；在咖啡馆里干过招待。如今她在大学走读，学费是自己赚的。听到这里我口中赞赏这个女孩，心中却敬佩她的父母。她的父母收入中等，供养这个独女绰绰有余。他们这样引导教育女儿，是真正的爱女儿。我钦佩他们首先要战胜自己头脑中的传统观念，这已经不容易了，还要带领着女儿一起战胜世俗观念，这就更难了。

让富有的父母不能富了孩子，与让穷困的父母不能影响子女受教育一样不易做到，但一定要做到。

（信　捷）

给儿孙讲点"饥饿史"

　　我家三代五口，除小孙子外，四个大人都有称心的工作和稳定的经济收入，虽未达小康，总算温饱有余吧。但是，每次吃饭都犯难。面对满桌子荤素搭配色香味俱全的菜肴，孙子总是噘着小嘴巴，不知哪道菜才合自己的口味。这时，老伴总要离席到厨房再张罗一番，多少弄点特殊于餐桌上的下饭菜，这个时候，我忍不住要唠叨几句自己的"饥饿史"。

　　解放前姑且不论，普天下穷苦人都衣不蔽体，食不果腹。那时，我和现在的孙子一样大小，三根筋撑不起一颗头，倘若能吃饱一顿饭，那肯定是从大人牙缝里抠出来的。就说三年自然灾害吧，我正是长身体时期，最需要营养，而计划供应口粮每天1斤，要匀作三顿吃，早晚一碗高粱粉冲的稀饭，一块山芋糕，中午一碗水煮山芋干，整天笼罩在饥饿感之中。饿极了，同学们就跑到郊区拣菜皮、挖野菜，洗净用盐煮一下，便是加餐的佳肴了。当年挨饿的滋味至今还吞噬着我的心。所以，讲起"饥饿史"，我也难免有所动容，时常眼圈发红。不过，因为饿肚子而激发出来的奋发图强精神，对尔后的走出困境确实起了不小的作用。每当我讲当年的"饥饿史"教育儿孙时，孩子们便嗔怪地说："爸，您别老是过去过去的，过去毕竟过去了，现在不是苦尽甜来了嘛，何必用过去的苦水掺和今天的甜蜜呢？"其实，这是委婉的抗议，也是两代人之间心灵的撞击。如果说老少两代之间真有什么代沟的话，这淡忘过去，吃甜不思苦的观念便是要认真沟通的思想距离。

是不是生活条件好了，就该忘记过去？给孩子讲点"饥饿史"，就是往甜蜜幸福的生活里掺和苦水？对此，我想了很多。就说富裕有钱吧，在我们中国莫过于港台的富豪了。在他们的生活中，处处体现出节俭，在他们的家教中，时时不忘艰苦奋斗精神的灌输。李嘉诚个人财产70亿美元。1993年，他小儿子结婚，婚礼喜宴办得非常简朴，宾客只有几位老朋友和亲戚。同样是亿万富翁的王永庆，一条运动用的毛巾用30年，一双跑步鞋绽开了线，请女儿给缝好，继续穿。世界船王包玉刚常对孩子们说："一个人有一双鞋就够了。"是不是这些富豪们付不起高消费呢？当然不是，是不是他们视钱如命，小气吝啬呢？那更不是。他们在支援内地建设、办学校、赈灾捐款等方面慷慨大方出手阔绰，往往数目惊人。这与他们在生活消费上的精打细算形成强烈的对比。其中奥妙何在？王永庆曾警告其儿孙们："中国有句老话，'富贵不超过三代'。白手起家的第一代如果不奋发图强艰苦创业，根本没有出头的日子。第二代受到第一代的影响，还知道艰苦奋斗。第三代大都连什么是苦，也没有见过，当然最容易松懈。"这既是他们自己的经验谈，也是社会生活经验的沉淀。包玉刚经常给孩子们讲自己艰苦的过去，讲自己只有一双鞋的故事，要求事业上已经有成就的女婿们饭后洗碗干家务，很明显是为了给孩子灌输艰苦奋斗的精神。艰苦奋斗是一个人一个民族一个社会所不可缺少的思想品质。放眼世界，发达国家如德国、日本等，虽然国富民殷，但都十分崇尚节俭。我们中华民族向来有勤俭持家，艰苦奋斗的美德。"生于忧患，死于安乐"是我们的祖训，"人无远虑必有近忧"，也是警世钟，应常在耳边敲响。

讲点自己的饥饿史，是过来之人为儿孙们面对生活、面对波诡云谲的未来世界必备的一份厚礼，义不容辞。

（孟令涛）

分享的乐趣

父子二人在湖边比赛打水漂。父亲技高一筹，一枚石子在水面蜻蜓点水般跳跃了9下；小男孩无论怎么卖力，也超不过父亲。父亲微笑着对儿子说："继续努力吧，超过9跳你就是胜利者。"然后坐在湖畔悠闲地看书。小男孩不服气地挑选了一大堆石子，侧躬着脊背，一枚一枚地向湖中发射。

当父亲看到第137页时，小男孩突然兴奋地大叫起来："6跳，7跳，爸爸你快看，10跳，11跳。"数完了最后一次跳跃，他激动得竟像一枚石子，轻盈地跳了起来，"11跳，爸爸，你看到了吗？"

父亲放下书，既歉意又怀疑地说："没看到，你真的打出11跳吗？"

听了父亲的话，一向顽皮、坚强的小男孩竟委屈地流出眼泪。

父亲觉得自己的怀疑委屈了孩子，便说："对不起，孩子，尽管我没有亲眼看到，但还是相信你打出了11跳，你是理所当然的胜利者！"

然而小男孩哭得更加伤心："我打出11跳，多么不容易，你却没

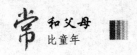

看到……"

做父亲的总算弄清了儿子伤心的原因：他的胜利果实没有人与之共同分享。

独自一个人即使是享用宫廷御宴也索然无味；取得一次可喜的成功，如果无人知晓，无人关注，也就黯然失色。也许我们都曾有过类似的体验。共同分享，会使甜的更甜，香的更香，快乐的更加快乐。所以我们将永远生活在人群之中。

（叶明珠）

名人的涉世之初

伊文·塞登堡：无论你是看门人或是经理，只要你尽心尽责，你的价值就会得以实现。

我的第一份工作是曼哈顿一幢大楼的看门人，当时我18岁，穿着一身灰色制服。大楼的主管要我负责每天开门，确保供暖系统工作、电梯运行和门廊里的玻璃一尘不染，同时，我还要兼顾货运电梯，帮助收取邮件和清扫地板。尽管地位卑微，我仍尽心尽责。

我的主管是一位叫迈克的老人，他寡言少语，但却洞察秋毫，务求诸事井然。一天，他问起我正在看的一本书，我解释说那是我的夜校课本。他说了声"很好"便走开了。4个月后，他找到我说："我给你联系了一家公司，他们也许可以给你付上夜校的学费。"

经迈克的引荐，我参加了一家电话公司的招工考核，成了该公司的一名焊接助工。除了在军队服役22个月外，我毕生都在这家现在名为"NYNEX"的电话公司工作，并从一名助工升到了总经理位置。

在我与迈克共事的那些年里，尽管他言语极少，但却字字珠玑，给我教益颇多，并最终伸给我一双援助之手。这说明，假如你对你的工作感到骄傲并竭力做好它，也许你从不知晓是否有谁在注视着你，但终有一天，你会被承认和获得加倍的犒赏。

即使在现在，我也常和看门人和其他雇员们倾谈，毫无例外地他们总会告诉我一些我所不知的新鲜事和道理。从我的第一份工作中我懂得了，无论你是看门人或是经理，你只要诚诚恳恳、兢兢业业做好了自己的工作，你的价值终会得到实现，因为总有人在默默地注视着你。

〔伊文·塞登堡如今是"NYNEX"电讯公司的总裁经理〕

辛丽娅·特温：在年轻时学会良好地工作，是一种终生受益的经验。

我出生在安大略的贫民区，我记得父亲每月的薪金几乎不能支付全家人的日常开支和给汽车加油。因为付不起账单，每年冬天当气温稍有回升时我们就得把暖气关掉。但是尽管生活艰难，父亲却拒绝任何救济，他坚信靠我们自己的菲薄之力能渡过难关，他总是说："靠吃福利维生是没有出路的，它会培养惰性。"

当我 8 岁时，我开始在家乡的一家小饭馆里唱乡村歌曲，但是，这些零星的出场根本不可能带来稳定的收入。我的第一份真正的工作是在家乡的麦当劳快餐店工作，那时，我才 14 岁。父母总是告诫我在工作时一定要动作娴熟，举止优雅得体，正是这些教导使我获得了这份工作。一开始我只是一个收银员，坐在临街的窗台边工作，窗外是喧嚣的车水马龙，但我克制着决不无故瞥上一眼。正是在那里，我学会耐心、守时和永远用微笑来服务。以后，由于我的工作出色，公司擢升我负责训练新雇员。直到现在，每当我走进一家麦当劳快餐店时，总是要不自觉地在心里评价那些雇员们的行为举止是否符合规范。

工作、学习，同时还要在晚上去唱歌，这的确使我不胜重负，但我从未考虑放弃。在年少时学会勤勉而良好地工作，会给你带来坚强的自信，这是一种终生受益的经验。

〔辛丽娅·特温如今是最受欢迎的女乡村音乐歌手，曾获多项音乐大奖。〕

里普·瓦特斯：父亲告诉我，假如你懂得了牺牲和付出，你就会百事竟成。

我仅6岁时，就必须在日出之前和父亲及哥哥到俄克拉荷马的大平原的干草地里去干活。当我8岁时，我就开始帮助父亲修补那些用来出租给低收入者的老房子，我每从一块旧木板上取出一枚铁钉，父亲就奖给我一分钱。

我的第一份真正的工作是在小镇上的一家餐厅工作，那时我才12岁。我的任务是清扫餐桌和洗盘子，间或也到后台帮厨。

每天放学后，我匆匆赶往餐馆，在那里工作到晚上10点。星期天，我从下午2点一直干到11点，在我那样的年纪，工作时看着小伙伴们无忧无虑地去游泳和玩耍的确需要很大的毅力，我将那些诱惑抛诸脑后，专注于手头的活儿，并不是我格外热衷于这种工作，但我总是将分配于我的活干得最好。由于我的课余工作，使我在与朋友喝咖啡或看电影时总是第一个能够付账的人，这使我很骄傲。

我的第一份工作教会我自律、责任和耐心，还带给我同龄伙伴们很少经历的那种个人满足感。正如我的父亲——一位同时兼三份工作来养家糊口的人——告诉我的："假如你懂得了牺牲和付出，那么在你生活中很少再有做不成的事。"父亲所言极是。

〔里普·瓦特斯1994年被选为国会议员。〕

戈登·比顿：世界上有些职业，假如你不能分毫不差地正确工作，其他人的生命就会受到威胁。

我的父亲在密西西比的赫拉多经营一家农药播洒公司，给当地的棉花田喷洒化学杀虫剂。在我15岁的那年夏天，父亲给了我第一份工作：帮助照看那架小型农用飞机，同时还帮助往飞机上充填药剂。

夜幕降临后，我必须将我们的汽车开到田边一个小小的由草地改成的临时机场，将车前灯打亮，然后，我还要在跑道的另一端点亮一只大灯笼，这些就是我父亲"飞机跑道"上全部的"照明信号灯"。想到父亲没有我的帮助就不能降落或播洒农药，这使我那颗少年的心充满了自信和骄傲。

我也喜欢摆弄飞机，我曾亲身体验到驾驶飞机是桩多么危险的职业。一天，父亲起动一架飞机想试一试它的发动机状况如何，当飞机沿着跑道正要起飞时，发动机骤然熄火，我在恐惧中目睹飞机滑离跑道，向田野冲去，它的一个机翼撞上一堵篱笆后停了下来。

　　这是我永生难忘的经历，直到今天仍历历在目，清晰如昨。此前，我总是简单地认为发动机理所当然能正常工作，可那一次我才明白，有些工作是出不得半点差错的，它要求的是百分之百的正确。

　　从帮助父亲播洒农药那个遥远的夏天开始，我走过了一段漫长的人生历程。我从驾驶小型农用飞机到空军作战机，最后到管理一家每天有上千个航班起落的大型航空公司，尝尽了生活的酸甜苦辣，但最重要的一点却是与父亲一起工作时学来的：世上有些职业，诸如飞行员、驾驶员、神经外科专家，假如你不能分毫不差地正确工作，其他人的生命就会受到威胁。

（杨继宏）

那些卑微的母亲

　　晚上和朋友一起去吃烧烤？我们刚在桌旁坐下，就见一个老妇提着一个竹篮挤过来。她头发枯黄，身材瘦小而单薄，衣衫暗淡，但十分干净、她弓着身子，表情谦卑地问："五香花生要吗？……"彼时，朋友正说一个段子，几个人被逗得开怀大笑，没有人理会她的问询。她于是再一次将身子躬得更低，脸上的谦卑又多了几分："五香花生要吗？新鲜的蚕豆……"

　　她一连问了几遍，却都被朋友们的说笑声遮住：她只好尴尬地站在一旁，失望和忧愁爬满了脸庞。我问："是新花生吗？怎么卖呀？"她急慌慌地拿出一包，又急慌慌地说："新花生，三块钱一包，五块钱两包……"我掏了五块钱，她迅速把两包花生放在桌子上，解开口，才慢慢退回去，奔向下一桌。

　　每次去逛超市，都会看到那个做保洁的女人，也有五十多岁了吧，头发灰白，晒得黑红的脸膛上布满细密的汗珠，有几缕头发湿湿地贴在脸上。她总是手脚不停地忙碌，在卫生间，在电梯口，在过道。她弯着腰用力擦着地，超市里人来人往，她刚擦过的地，马上就被纷至沓来的脚步弄得一塌糊涂。她马上回过头去，重新擦一遍。

有一次，我上卫生间，正好碰到她。她的头垂得很低，看不到脸上的表情．只看见她的两只骨骼粗大的手，捏着衣角局促不安地绞来绞去。那双手是红色的，被水泡得起了皱，有些地方裂开了口子，透着红的血丝。她的对面站着一个年轻的男人，看样子是超市的主管，那人语气凛凛地训斥她："你就不能小心点？把脏水洒在人家衣服上，那大衣好几千块呢，你赔得起吗？这个月的工资先扣下……"她就急了，伸手扯住那人的衣袖，脸憋得通红，泪水瞬间涌得满脸都是。她语无伦次地说："我儿子读高三，就等着我的工资呢，我下次一定小心……我慢慢还行吗？可不能全扣了呀……"她几乎就是在低声哀号了。

逛街回来，遇上红绿灯。我们被交通协管员挡在警戒线内，等待车辆通过。这时，马路中间正行驶的车上，忽然有人扔出一只绿茶瓶子。瓶子里还有半瓶茶，在马路上骨碌碌转了几个圈，眼看就要被后面的车辗住。忽然，就见我身旁一个女人，猛地冲过交通协管员的指挥条，几步跳到马路中间，探手捡起那只瓶子，迅速塞进身后的蛇皮袋里。她的身后，响起一大片汽车尖锐的刹车声，司机气急败坏地冲她嚷："抢什么抢，不要命了？"

她一边赔着笑往后退，一边扬起手中的瓶子冲着我们这边微笑。我回头，这才看到，我身后还有一个衣着破烂的男孩儿，也竖着两根手指，在冲她笑。母子俩的笑容融聚在一起，像一个温暖的磁场，感染了所有的人。我明白了，她是一个贫穷的母亲。那个水瓶，不过一两毛钱，可对她而言，可能是一个做孩子晚饭的烧饼，或者是一包供孩子下饭的咸菜。

生活中，常常能看到这样的女人。天不亮就满城跑的送报工，满面尘土的垃圾工，摇着拨浪鼓收破烂的师傅，被城管撵得到处跑的水果小贩……她们身份卑微，为了一份微薄的收入兢兢业业。她们又无比崇高，为了孩子，胸腔里藏着震惊世界的力量。

她们有一个共同的名字：母亲！

（卫宣利）

你的满足让我疼痛

多年来，她靠拾荒供养自己年已九旬的老母亲。住在破旧的、昏暗的、漏雨的小屋，吃着自己捡来的和别人送的食物，穿着从垃圾桶里捡的别人丢弃的旧衣服……72岁的她一点也不觉得自己有多苦，面对闻讯而来的记者，她佝偻着腰；牙齿几乎掉光的嘴巴，笑起来很瘪，很甜。很满足的样子。

是什么让她满足？

她说，自己三岁时，父亲就去世了，本就贫困的家庭如雪上加霜，是老母亲四处讨饭，才艰难地将自己拉扯大的。她说，过去，娘要饭养活了我，如今我怎能不养活娘？靠拾荒、捡破烂，她养活了年逾花甲的自己，还养活了自己年迈的母亲。靠自己养活老娘，她感到很满足。

她住的棚屋，是在一条狭窄的胡同尽头，自己搭起来的，虽然又破又旧，钻风漏雨，但毕竟是自己和老母亲的一个窝。前不久，这一带要拆迁，她担心今后连住的窝都没有了。好在人家听说了她的情况后，同意暂时不拆了，她们还可以继续住在这里。她连声感激。好歹还有一个立锥之地，她感到很满足。

　　每天，她都会帮老母亲烧一壶热水，泡泡脚，帮老人家捏捏麻木的脚板。煤球买不起，烧的是从附近的烧烤店讨来的碎煤屑。看着老母亲眯着眼睛和舒坦的样子，她感到很满足。

　　冬天来了，天气越来越冷了。每天晚上，她都会在老母亲之前上床，为的是先把被窝焐热。早上，她也会赖赖床，迟一点儿爬起来。她是怕自己起床早了，冷风钻进了被窝，冻着了老母亲。自己可以赖在床上多陪一会老母亲，她感到很满足。

　　她的日常用品，基本上都是拾荒时捡的，看着还能用的，她就留了下来。她很少有钱买东西。怕老母亲受凉，而她又买不起热水袋，于是，她就自己发明了一种实用的热水袋，她把饮料瓶灌满热水，塞在老母亲的被窝里，这样，既可以暖脚，如果老母亲渴了，还可以从被窝里掏出饮料瓶喝点热水。为了自己的这个小发明，她感到很满足。

　　在她的破旧的窝棚里，除了她和耳朵很背的老母亲，还有一个生命，一条她捡来的流浪狗。小狗每天跟在她的后面，她累了，它就在她的腿边蹭来蹭去，像个孩子。小狗很懂事，从来不挑食，只啃她捡回来的骨头。忠诚的小狗，给了她和老母亲无限的安慰，她感到很满足。

　　贫穷、疾病、孤寂，这就是她和老母亲艰难生活的全部。除了老母亲，她几乎一无所有，然而，她竟然很满足。老人的满足，让我疼痛。

我有个朋友，不久前去一个边远村落办事，村里的孩子好奇地围着他们。因为没有准备，他们没有带什么礼物，最后，几个人翻箱倒柜，只找出了几块饼干、几袋方便面，还有一个人参加婚宴随手扔进包里的几袋喜糖，他们很难为情地将这些东西分给了孩子。他们没有想到，孩子们分吃喜糖的时候，脸上流露出非常惊喜和满足的神情：孩子们说，他们很少能吃到糖，那种很少体味到的甜蜜感，让他们异常满足。朋友说，那一刻，孩子们的满足，让他的心无比疼痛。

对不起，我们忽略了你。我的寒风中佝偻着腰的老母亲，我的挂着鼻涕露着脚趾的孩子，你们困顿、窘迫、无助，却坚强。你的满足，让我如此疼痛！

（孙道荣）

母亲的母亲

我在产科住院的时候，邻床的小宝宝一出世，就因为呛了一口羊水，进了 NICU（新生儿急症病房），产妇还算镇定，一边挂点滴一边问老公："孩子额头上是不是有个胎记？是不是，是不是？"老公嗫嚅着，算是默认。

产后第二天，她就咬牙下了床，哆哆嗦嗦地扶着墙，一步一步向前挪，问小护士："NICU 几点探视？"

护士告诉她："不能探视，一天可以送两次奶。"

第三天，我听见她给自己的母亲打电话，说着说着吵起来了："我的孩子，你别管！""啪"，挂断了电话。

过了两个小时，还没到探视时间，她的母亲——一个瘦瘦小小的农村老太太急急忙忙地冲了进来，带着哭腔，口音浓重，我只能依稀听出一个词："冷。"电梯冷，走廊冷，女儿在坐月子，哪里都不能去。

女儿满眼是泪但是强忍："我只看过她一眼！"

老太太说的什么，我这次完全听不懂，但我看到她枯瘦的手急急拍着自己胸口，身体语言是：我替你看。

到后来，谁也没见着孩子，因为 NICU 真的真的不能随便探视。

她后来跟我说："都不知我妈怎么过来的。她刚来北京，也听不懂普通话，也不认字……"平时都是她老公开车接老母亲过来的。

听过一个故事：外婆、婴儿的母亲、婴儿，都坐在阳光融融的阳台上。不知怎么出了疏忽，婴儿直坠下楼。婴儿的母亲大叫一声，情不自禁想扑出阳台外接住孩子——被人死死地抱住了。抱她的人，是孩子的外婆。

她狂叫挣扎，号啕大哭："你为什么要拦我，她是我的孩子啊。"

外婆也是满脸泪水："可是，你是我的孩子啊。"

她是母亲，而她，是母亲的母亲。母亲爱的都是自己的孩子。她能理解她全部的痴，当孩子受到伤害，当心疼得不能放下，当确确实实血脉相连，但你爱你的孩子，你不能伤害我的孩子。

这就是母亲的母亲最曲折深沉的爱。

（叶倾城）

我跟你一样大的时候

我11岁时，他说：我跟你一样大的时候，已经是个工人了，像大人那样干活、吃苦，不像你这样懒得发麻，灰尘扑到脸上，似乎有砂纸在脸上磨来磨去，只有眼睛是活动的。你奶奶来看我，我朝她笑，她却说我在哭，于是我就真哭起来。

我12岁时，他说：我跟你一样大的时候，已经自己做饭、洗衣、拆洗被子了。歇工时也不闲着，我收了左邻右舍的鸡蛋、鸭蛋、鹅蛋，一个人拿到集市上卖，一次挣五块钱，不小心碰破的，拿回家叫你爷爷奶奶吃。

我十六七岁时，他说：我跟你一样大的时候，已经长成大人了，别人也知道我是大人了，干重活时往往叫上我，不叫我，我还会跟他们急，叫嚷他们小瞧人。那时候我浑身是劲儿，觉得就是大力士，挖煤就像吃糖，谁也比不过我。人是不是就该这样活？干活时像老虎一样，玩耍时像舞狮子一样。

我18岁时，他说：我跟你一样大的时候，已经成了家里的顶梁柱了。你爷爷奶奶要给我娶媳妇，我没答应，打算再拼几年，扒旧房盖新屋，治好你奶奶的病，然后再谈婚论嫁。

我21岁时，他说：我跟你一样大的时候，已经经历过几次生死考验。其中一次，煤矸石堵塞住运输巷，我们埋在地下，只有一镐一镐地去挖，一寸一寸地去爬，那个斜坡一共800米，我却觉得有八千里。我喝过巷道里的脏水，甚至喝过自己的尿，还吃过树皮、皮带和纸箱，终于挣扎着爬到井口附近。外边的人说，事故后第十天，你们居然获救了，简直是奇迹，我说不是，那种经历我不想多谈，心中的感受一千句话也说不明白，我只想马上回家，看看老父老母，看看兄弟姐妹，心里想着他们、念着他们，我才九死一生活了过来。

我23岁时，他说：我跟你一样大的时候，已经立业成家了。我很幸运，娶到你妈妈，又生了你这样一个好儿子，你给弟弟妹妹做了好榜样，让我们安心工作干活，省了很多心，一家人过得幸福美满、充满希望，你说你感谢老爸老妈，我们还要感谢你呢。我知道当记者很辛苦很危险，你妈妈也常常心疼你，一些话说得我都不想听了，这两年你不是好好的？我说过，咱们全家人都有福气，最不好也是有惊无险。

我24岁时，他不再跟我说"我跟你一样大的时候"，他变成快50岁的老头了。他的身体也日益衰弱，他需要跟妈妈一起相偎相依地过好晚年，再也不能下降到光线暗淡的煤井里，日头的光要天天照耀着他们，他们要天天看到树叶的绿、鲜花的红，将来含饴弄孙，享尽天伦之乐。可是，还有一个孩子没有大学毕业，他说再干三年，

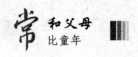

在知天命之年光荣退休，他的"黑人生"依然没有结束。

　　作为记者的我，始终不知道怎么去采访他，写一写他一半洁白一半漆黑的故事，还有他早已经沾满煤灰却熠熠发光的灵魂。在一年又一年的时光到来的时候，我也不知道如何请他继续讲一讲"我跟你一样大的时候"……

（孙君飞）

妈妈的最丑与最美

　　回家找一找妈妈身上最难看的地方，这是老师给学生布置的一次家庭作业。

　　第二天的班会上，老师让大家一一谈谈，妈妈身上最难看的地方是哪里。同学们你看着我，我看着你，谁都不愿意第一个开口。

　　老师环视大家一眼说，那我先谈谈。昨天我回去看望了我的妈妈，结婚后，因为工作忙，我很少回家看望她。老人家看见我很开心，她佝偻着腰，在厨房里忙着，让人看了心痛。妈妈年轻的时候，腰杆挺直，身材修长，腰曾经是妈妈身上最好看的部分，现在，却成了妈妈身上最难看的地方。

　　老师的话，像石子投入水中，孩子们叽叽喳喳地谈开了。

　　有个男孩子说，昨晚吃过晚饭，妈妈和以往一样，在厨房里刷碗，我就站在一边，盯着妈妈看，想找到她身上最难看的地方。妈妈看见我盯着她，便拉着我走出厨房，我摸到了妈妈刚刚刷过碗的手，又粗糙、又油腻。于是我想，手便是妈妈身上最难看的地方。

　　另一个男孩子接过话茬，我妈妈最难看的，是她的罗圈腿。听到罗圈腿，全班的孩子哄地笑了。老师示意大家不要取笑别人。男孩子红着脸说，妈妈在纺织厂上班，工作的时候，都是站着，而且要跑来跑去。有时候，一站就是好几个小时，所以，她的腿就慢慢变成了罗圈腿。说完，男孩子又补充了一句，虽然我妈妈的罗圈腿走起路来很难看，但我还是最爱我的妈妈。

一个女孩子站起来说，我的妈妈最难看的，是她脸上的一道疤。女孩子用手在自己的下巴上点了一下，就是这个位置。那道疤痕很明显，一眼就能看到。那道疤使她看起来很凶，所以小时候我不愿意和她一起出门。记得有一次，我和妈妈吵起来了，原因就是我认为妈妈脸上那道疤让我难堪了。那次，爸爸第一次揍了我，他生气地告诉我，那是因为我小时候有一次淘气，妈妈在保护我的时候，自己的脸被扎破了，从此才留下了那道疤。女孩说着说着，声音哽咽起来。

坐在女孩旁边的另外两个女孩子，同时站了起来，她们是一对双胞胎。一个怯怯地说，我妈妈身上最难看的地方，是她的肚皮。前几天，我们和妈妈一起洗澡，发现妈妈的肚皮皱得跟揉成一团的纸一样，那是我们见过的最难看的肚皮了。我们好奇地问她的肚皮怎么这么难看？妈妈摸摸肚皮对我们说，因为是我们撑的。妈妈跟我们解释之后，我们才明白，那叫妊娠纹，每一个妈妈的肚皮上都有的。因为我们是双胞胎，所以，妈妈怀孕的时候肚子就特别大，后来，留下来的妊娠纹也就特别重。

全班鸦雀无声。双胞胎姐妹同时说，我们觉得，妈妈身上的妊娠纹，是妈妈身上最难看的地方，也是最美丽、最可爱、最神圣的地方。全班同学报以热烈的掌声。

（麦　父）

不拒绝物质的一代

　　我的学生里有为数不少的"富二代"，我在第一次登上讲台的时候，一眼就看出来了。他们的神情，大多是从容不迫的。而他们，在我连火车都没有见过的时候，就早已随着有钱的爹妈，走遍了祖国的大好河山。看到一个学生博客里，每逢假期必走一个国家的豪迈气派，我顿时萎靡下去。

　　网上日日都有"富二代"的新闻。打人、撞车、骂架、装乞丐寻求刺激、追漂亮女孩然后弃之。但是我站在讲台上，看到那些打扮嘻哈或者西部牛仔再或化浓重烟熏妆的"富二代"学生们，心里还是有一股子自卑和胆怯。这样的卑微，大约源于我的贫穷的家庭。就像我的"穷二代"学生们，在"富二代"面前，总是有一道无形但却无比分明的界限。这样的界限，漂浮在他们食堂购买的饭菜里，隐匿在上课对我问题的反应中，深藏在他们看似随机选择的座位上，或者在下课后自动形成的小团体里。

　　因此我偶尔会用言语打压一下"富二代"的气焰。譬如一次，讲到《西厢记》里落魄了的"富二代"张生与崔莺莺，便顺口教导，万不要因为自己爹妈有钱，便在外人面前嚣张或逞能，所谓富不过三代，搞不好，被你坐吃山空了，就落魄到张生一样。这样的打压，对于生活优越的他们，不知道会有多少心理反弹，但对于我，却有种不便明说的小得意。

但我没想到，就在我眼皮底下，一个"富二代"竟然羞涩安静到半个学期过去了，我都不知道她有优越到可以打败班里所有有钱同学的家境。这个叫宛的女孩，一直不声不响地坐在第一排，因为穿着朴素，我几乎将她忽略掉。事实上，宛的朴素应该叫低调，是那种牌子隐在衣服内里的名牌，穿在她的身上，因其静寂无声，而更显素雅。所以，我还一度将其作为"弱势"学生关爱有加，每每提问，都会对她的回答夸赞鼓励一番。还曾在她的作业上留言，说，凭借你出色的朗诵水平，只要努力，4年之后，肯定可以骄傲地站在别的同学面前。她在拿到作业后，红了脸，悄悄看我一眼，大约算作对我这伯乐的感激。

有时在走廊里遇见，宛总是微微朝我一笑，道一声"老师好"，便不再多言。

后来宛的同桌在下课后突然对我说：老师，宛的爸爸是房地产商，是我们班里最有钱的了。不等我诧异，她又接着补充一句：不过，她人缘特好，跟谁都能说到一起，当然，她平时话不多。我想要问更多一些的关于宛的内容，却恰好看到宛走了过来，女孩子朝我吐吐舌头，跑开了。

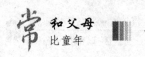

　　我坐在椅子上，看着那些安静走出教室的孩子发呆，然后想，"富二代"这样一顶在时下有些贬义的帽子，被我们扣到这些青葱面容上的时候，是不是应该温柔一些？如果物质在带给我们奢侈与浮华的同时，亦能带来从容的心境与对这个世界的把握与自信，那么，我们又为什么让新的一代拒绝父辈带给他们的荣光而甘心地居于贫穷？

（安　宁）

是谁偷走了爸爸的故事

　　曾经读过一个故事《爷爷一定有办法》：当小约瑟出生的时候，爷爷用天空颜色的面料为他做了一条毯子，这条毯子温暖着小约瑟的身体和心灵。但是，随着小约瑟渐渐长大，毯子变小变旧了，小约瑟很失望。心灵手巧的爷爷却有办法：他把变小变旧的毯子翻过来，翻过去，拿起剪刀咔嚓咔嚓，又用针线缝进缝出，嘴里念叨着"这块面料刚好够……"，于是，小约瑟就有了一件漂亮的外套……随着小约瑟的长大，那块天空颜色的面料总在变小变旧，但心灵手巧的爷爷一次又一次地缝进缝出，用它给渐渐长大的约瑟做成背心、领带、手帕、纽扣。有一天，约瑟的纽扣丢失了。心灵手巧的爷爷也无可奈何了。可是，约瑟却蓦然发现：这个材料刚好够一个美丽的故事……

　　故事传达了一个朴素的道理：小到一个家庭，大到一个民族，再到整个人类，除了物质的流转，还必须有精神的传承。我们相信，在约瑟的心里，那块天空颜色的布料已经不再仅仅是一块布，而是随着爷爷慈祥的笑容与灵巧的动作渗透于他的心灵，温润了他的人生。哪怕在面料消失的时候，也留存成了一种生命的理想与信念。这样的家族想不兴盛都难！

但是，近日汉阳某小学将举办"爸爸的声音最好听故事比赛"，虽经老师们三催四请、软磨硬泡，可全校500多名学生，最终仅有9名爸爸报名，有3个班的爸爸们竟然集体缺席。班主任蔡春华回忆自己一周的努力，一脸无奈：我一个一个拨打学生爸爸的电话，得到的回应不是"我很忙"，就是"我不敢""我不行"。

是谁偷走了爸爸的故事呢？

故事来源于生命的体验，来源于创造的智慧，来源于审美的心性。远古是男人打猎女性纺织的时代，爸爸们在狩猎工作中阅尽了丰富的风景，经历过太多生与死的考验，这样的爸爸怎么会没有故事？近古是一个主张男人要读万卷书、行万里路的时代，这样的爸爸们怎么会没有故事？

可是，自从爸爸们工作在轰鸣的机器旁，耳朵越来越习惯了人类创造的嘈杂的声音，心灵也与自然渐远，心之门渐渐封闭，故事就越来越少了。直到现在，有多少爸爸的生活不是在围绕杯中物旋转，有多少爸爸的思维不是在物质的基座上展开？生命中的物质日多，心灵的空灵日少，最后剩下的只有苍白与沉重、烦琐与脆弱。心灵远离了大地与天空，悠远的故事自然早就遁逃得无影无踪了。而故事如阳光颜色的小鸟，只栖息于绿色的枝叶，天籁的音乐只流淌于蔚蓝的天空。

　　这是一个爸爸们没有故事的时代，随之男性的勇敢与宽广也在远去，而这片大地的生命叙事也会换了方式和节奏，自然的天性与纯真不见了。

　　要让故事回来，需要爸爸的心先走出困顿的围城，恢复生命的颜色和热情！说来容易，其实很难，因为要改变的是许多男性的生活方式和心灵空间。

（李志行）

温　暖

　　郑钧七岁那年，父亲因癌症永远地离开了他。从此，年仅三十多岁的母亲开始艰辛地领着他和十一岁的哥哥生活。在他的记忆里，母亲似乎从来都没有说过苦字。

　　那年，他发现同学家里新购置了电视机，这让他很是羡慕。回到家后，他就把这件事说给了哥哥，仅仅大他四岁的哥哥也立刻被电视机吸引住了，于是他们就联合起来要求母亲也去买一台。母亲平静地听完他们的要求后，没有任何表示，依旧不紧不慢地做着家务。第二天当他们放学回到家后，就听见母亲在楼下喊他们，让他们下来搬电视机。兄弟俩欢天喜地围着电视机转了好久，还是哥哥稍大一些，问母亲电视机要多少钱。正在一边忙活的母亲连头都没有抬，淡淡地说道："两千多吧。"他听后吓了一跳，哥哥甚至蹦了起来："这么贵！"那时母亲一个月的工资才五十八块钱，除掉日常开支，已所剩无几。可母亲为了满足他们的愿望，硬是辗转四邻借够了这两千多块钱。

　　随着年龄的增长，他的性格越来越叛逆。有次母亲兴致勃勃地刚说起一件事，他们就重复了那句已逾百遍的话：这个吧，你肯定不行！母亲的泪水当即流了下来，她实在不明白，自己在两个儿子面前怎么就这么一文不值？她黯然地坐在台阶上，双手托着腮，望向远方。看到母亲这个样子，他的心猛然间痛起来。

他十八岁那年的一天，母亲兴冲冲地告诉他说，今天我们一定要好好庆祝一下。当他问母亲为什么要庆祝时，母亲告诉了一个他从来不曾知道的事情。当年为了给父亲治病，母亲断断续续向别人借了两万块钱的债，要知道，上世纪70年代两万块钱可是个天文数字啊，可母亲竟然在悄无声息中一点点地还上了这笔前。

二十三岁那年，正在大学读书的他因为爱好音乐而决定退学。当他把这个决定说给母亲的时候，母亲惊得目瞪口呆，她无法理解儿子会作出如此疯狂的选择。可最终，母亲还是同意了他的选择。在给学校发电报陈述退学理由的时候，母亲不得不写上"因家庭贫困，选择退学"这几个字。邮局的工作人员一看，就批评她说："有你这样当母亲的吗？孩子的将来比什么都重要。现在苦一点难一点算什么，你不能让孩子退学呀！"母亲听了，虽然满腹委屈，但并没有争辩一个字，只是默默地忍受着对方喋喋不休的指责。

退学后的他经过多年的磨砺，在音乐的道路上越走越宽，终于闯出了一条属于自己的道路。他的歌开始传唱于大街小巷，越来越多的人认识并熟知于他。可是只有他知道，他的成功，更多的是母亲的包容和支持所成就的，

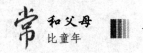
2011年，已经功成名就的他在谈到婚姻和家庭时说："当我努力去做一个好父亲时，我才发现我是一个多么糟糕的儿子。"他的泪水悄然滑落："我是唱歌的，只能用歌声来表达对母亲的谢意。这首歌的名字叫《温暖》。我的母亲姓温，我想告诉母亲的是，如果我能姓温，我给自己起的名字就叫温暖。"郑钧的话，让人潸然泪下。

或许，在每一个人的成长道路上，都有着母亲的这般包容与支持吧。她永远站在你的旁边，守护着你的方向。而这，也就是母亲的定义吧。

（余　人）

别让亲人眼泪飞

　　他们夫妇在广东打工十多年，辛辛苦苦挣钱抚养留守在老家的儿子王新平和年迈的母亲。王新平大学毕业那年，相依为命的奶奶去世了。儿子很是悲痛和伤感。他和她守候在儿子身边，生怕他一时想不开，做出傻事来。一有时间，他就和儿子聊天，他坚信父子心灵相通。可是，儿子的眼里始终透出和父亲陌生的目光，他们像两条铁轨，找不到相交的那一点。

　　为了让儿子能够尽快摆脱这种境遇，他和她决定带上儿子，离开四川老家，再次去深圳打工。因为没有技术，年岁又偏大，他依旧在工厂看门，她依旧在工厂饭堂帮厨。儿子一时找不到工作，就在出租屋里无精打采地蜗居着。每天三顿饭，都是他和她抽时间送回租住的城中村握手楼里。他和她想，儿子慢慢从失去奶奶的悲痛中走出来就好了。

　　三个月后，他鼓励儿子出去找份工作，就是做流水线上的一名普工也可以养活自己。儿子拿眼瞪着他们，说，我一个大学生怎么能当普工？她站在儿子这边说：不急，大学生总要找个管理干部当当，你看我们公司行政部的主管，才高中毕业，现在不是管理着我们几十号人？我们老板初中没毕业，还不是大把挣钱？他拿眼瞪她，说，妇人之心。她不管这些，还顺手塞给儿子两张百元大票。他无奈，闷头抽烟。儿子摔门而出，走时，不忘顺手把破旧桌子上两个煮熟的鸡蛋抄起来放进口袋。儿子上网一夜未归。

儿子开始经常不回家。他和她去工业区附近找过儿子，开始还能在附近网吧找到，后来就找不到了。他和她不明白，网吧为什么那么有吸引力？他们想不通，也想不明白。只是有一次，星期天休息，他们俩在工业区外面，意外看到儿子和一个年轻女孩儿在一起卿卿我我。他们很高兴，私底下窃喜说，看来我们很快要抱孙子了。他们想过去相认，却被儿子发现，拿眼神阻止了他们，儿子好像从来就不认识他们一样，从他们身边挽着女孩儿的手臂走了过去。

又是大半年没见过儿子了，手机停机了，语音提示无法提供服务。他们焦急。他们找老乡去问。老乡们有的说不知道，有的神神秘秘说年轻人的事别管那么多，然后不再多说。他们找儿子的同学，有的说新平在跑业务；有的说他在酒店做服务生；有的说他在搞传销；还有的说他在帮一个老大看场子……他们不知道大学毕业眼高手低的儿子到底在做什么，虽然他们很想知道。

终于，警察上门告诉了他们，警察通知他们的时候，他不相信，她晕过去了。儿子怎么会是抢劫团伙成员？

儿子宣判那天，他搀扶着她回来。在出租屋里，她躺在床上说，老头子，我们还要好好打几年工，等儿子出来前，我们要给他在老家把房子盖好；等他一出来，就找个姑娘结婚，管住他就好了。说这话时，她的眼泪在飞。

可怜天下父母心哪！

（周家兵）

难道他们不是我们的孩子

　　多年前，在萨拉热窝那场悲剧性的战争中，一名记者正在街头用笔记录着这座城市的硝烟和破败。正在这时，他看到了一个被狙击手射中的小女孩。记者赶紧扔下手中的记事本和铅笔，冲向那个正抱着小女孩求救的男子，帮助他一起拦车向医院赶去。

　　"快点，我的朋友，"男子不停地向司机喊着，"我的孩子还活着。"街道上的残垣断壁严重阻碍了汽车前行的速度，小女孩的气息越来越弱。男子向司机哀求道："快点，朋友，我的孩子还有呼吸。"司机也已满头大汗，男子近乎绝望地叫着："快点，朋友，我的孩子还有体温。"

　　终于赶到医院，可小女孩已经停止了呼吸。"这太残忍了，"悲痛欲绝的男子对记者说，"但我还是不得不告诉孩子的父亲，他的孩子已经死了，他肯定会心碎的。"

　　记者很惊讶，看着刚才近乎抓狂的男子，说："我还以为她是您的孩子。"泪流满面的男子答到："不，她不是我的孩子。"他紧接着问："难道他们不是我们的孩子吗？"

　　记者愣住了，忽然间他潸然泪下，霎时他好像体会到了丧子的痛。他点着头回答道："对，他们都是我们的孩子。"

　　"难道他们不是我们的孩子"——也许这是我们这个时代需要回答的一个重大问题。无论居住在同一栋楼还是邻街小区，无论与我们关系密切还是素不相识，无论身处国界的那边或这边，无论国籍是否一样，无论肤色相同抑或外貌迥异，无论饱读诗书还是目不识丁，无论正沐浴安全还是遭遇危难，无论受人尊敬、名声显赫，还是颠沛流离、无家可归，难道他们不是我们的孩子？难道我们不需要对他们负责任？难道我们不需要去培养、去保护、去爱他们？

　　毫不夸张地说，对此问题的回答是我们这个世界能否生存的关键。如果我们的回答是否定的，这个世界将陷入更多的矛盾之中，家庭与家庭对立、种族与种族冲突、国家与国家争端。如果我们的回答是肯定的，就让我们彼此手牵手，重新将你我他连在一起。"拒绝和平是因为我们忘记自己与他人是相互融合的。"曾获诺贝尔和平奖的特蕾莎修女如是说。

　　难道他们不是我们的孩子？对我们这代人来说，也许没有比这更伟大的问题——如何回答它将决定世界未来的面貌。

（练培冬　编译）

正常的孩子比天才更可爱

又一个天才被媒体报道了出来。

这个叫黄艺博的孩子，从两岁起就开始看《新闻联播》，7岁时每天读《人民日报》《参考消息》，现已发表100多篇文章。今年，他12岁了，依然表现得很突出，并没有像天才方仲永那样"泯然众人矣"。黄艺博的父亲告诉记者，孩子对于"民生"的关注已经远远超过自己，他的理想是"让大家过上更好的生活"，同时声明"这些习惯和兴趣都不是我们有意培养的，孩子的天性占了主动权"。

我不知道大家看到这个天才孩子的表现时，有什么感受，而我是有些怀疑的。虽然我是一个天天跟孩子打交道的教育工作者。让我困惑不解的是：这个孩子为什么偏偏对《新闻联播》《人民日报》和《参考消息》情有独钟呢？这里面有没有人为的选择？要知道这些媒体的内容政治性非常强，体现着国家意志，有的内容相当沉重，连一些成年观众和读者都不一定消化得动。从孩子的角度讲，接受这些内容绝不像看动画片那样有趣、轻松和好玩，说白了，这些节目和报道绝不是为孩子们量身打造的，而一个孩子为什么竟坚持了这么多年，难道仅仅是"孩子的天性"？

按照我的理解，一个孩子正常的天性恰恰不是单一地接触这些成人化的东西，"让大家过上更好的生活"更不是一个孩子所能做到的，哪怕是一群天才孩子也很难做到，这应该是他们长大成人后去接触的事情。

我们打开黄艺博的博客，会看到这样一些照片：他或者在少先队武汉总队部的办公桌前"阅读文件"，或者在接受学生记者的采访后"欣然题字"。他的双手总是很有派头地握在身前，笑容也永远矜持含蓄。而他身上"五道杠"的标牌也展示着这个武汉男孩的显赫身份——少先队武汉市副总队长。

这些照片应该是没有经过 PS 的吧？即便是摆拍，也真实可信。但我看了之后，最强烈的感受是，黄艺博肉嘟嘟的脸蛋和照片中透露出来的那种有样学样的"官味儿"太不适应了，他应该发自内心地笑，还要笑得更灿烂更率真。可是现在，他把自己当成模型一摆，尽量让人看起来他并不仅仅是一个孩子，这就一点儿也不天真可爱了，难道天才非要装得一本正经、老气横秋吗？连爱因斯坦长出胡子后，还会对着镜头做鬼脸呢！

德国作家凯斯特纳说："只有长大成人并保持童心的人，才是真正的人。"而我们在天才孩子黄艺博那里很少看到他保持童心的模样，或者说有些东西压抑了他的童心，这让他看起来少年老成，在他身上很难找到一个孩子特有的那种纯真、天然和正常的感觉。我

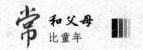

们更担心，外界的力量急于对他进行一种成人化的塑造，从而牺牲掉他的童年，又有可能损害到他的身心。现在，这种令人伤心的现实越来越多："如今不仅大人不像孩子，就连孩子也不像孩子了！"

（孙君飞）

粉色围脖

我 6 岁那年冬天，妈妈到五里远的镇上去，哥哥与我争着要跟着去。我说，我今儿自个走，不用您背。妈妈对哥哥说，你大了，凡事要让着弟弟。妈妈从箱底取出条围脖，抖开围脖，是已经泛白的淡粉色。妈妈给我戴好兔皮帽，然后把围脖围到我的脖子上，交叉后向后绕了一圈，又从下巴向头顶绕了绕，把嘴巴鼻子包住，只露两只眼睛。漂亮极了。

风很大。妈妈拉着我的手顶风走，我走得满身冒汗。妈妈与我说着话，快进镇了，我扭捏着不走，妈妈问我是不是走不动了，我说走得动。我揪着兔皮帽的绑带，解开帽子，妈妈笑了笑，不大点个人懂打扮了，说着解下围脖围在我的脖子上，把我的头包严实。然后妈妈说了句影响我一生的话：好好念书，念好书想穿戴啥就穿戴啥。

我说，我也要念师范。在我幼小的心灵中，师范是最好的学校，毕业就像妈妈那样当老师，受人尊敬。

妈妈说，你念到哪妈供到你哪。考上了，妈把这条围脖给你。

我暗下决心好好学习。

1982年我高中毕业，没考上大学，到恒山旮旯里的西河口学校代了英语。父亲专门到城里给我买了台凯歌牌收音机及一本《英语语音简明教程》让我学习。

代教生活异常恶劣：两排窑洞是师生伙房、宿舍及库房，一排平房是教室与办公室。9位教师，代着初中的所有课。语文老师兼代历史政治，数学老师兼代地理生物，物理化学是一个老师，我是唯一的英语老师。我们曾从小米粥中吃出过死耗子，煮粥时，那耗子跳进锅里被煮熟了。每每我想要逃离时，"你考到哪我就供到你哪"的话就会在我耳边响起，眼前就会幻化出那条泛白的粉色围脖。我感觉一团粉色笼罩着我，催我自新，给我勇气，让我能坚守在那个闭塞的小村，拼命地读书。我坚持收听中央人民广播电台的英语节目。我像寓言中那个进了金山的人，贪婪地从书中往我脑中装知识，我的思想之胃消化着这些知识养分，形成思想、筋骨和力量。1992年我考上了晋中师专。我满眼粉色、满心粉色。

接到录取通知书，我心里充满一团粉色，我兴奋地想向人们诉说我的粉色，但我把镇里那条街走完了也没碰见一个熟人。刚出镇碰到了远房的姨表哥。我拿出通知书给他看，他疑惑地看着我。可能他想，这孩子在村里从不轻易和人说话，今天怎么了？听我说考上大学了，他咧着嘴笑了：这下，姨该高兴了。我突然想起我该让妈妈知道消息。我玩命蹬车，回到家，我说，妈，你说我考上大学你就把那条围脖给我，我考上了。

妈妈笑了：还记得那条围脖？笑着从箱底翻出了那条围脖。围脖已褪尽粉色，皱巴巴的。妈妈说，一个大学生怎能用这老旧的围脖呢，给你钱，你自己买条新的吧。

我自然没戴那条围脖。但我把它存在我心底最柔软的地方，直到现在那也是我心灵永不褪色的底色！

粉色围脖，我的生命底色！

（蚂　蚁）

妈妈是道抹不去的伤

从我记事，他就一直住在废弃的村公所里。屋里没有电灯，也没有自来水。没人知道他的来历，也没人清楚他的年龄。

母亲说，他是外来的野孩子，原本由一个年近七旬的老头收养，后来老头过世，他便成了村里唯一的孤儿。那时他尚且年幼，约莫五六岁的光景。

村里有几户不会生育的人家都想过认领他，可惜，他性情大过乖张。不是用尖锐的刺棍恶狠狠地对着来人，就是站在屋顶上狂扔巴掌大小的石块。

听母亲说，有不少人被打伤过。其中包括前来游说的村长。

他遭到了所有乡亲的孤立。

据说，他当年衣衫褴褛，面目狰狞的样子，吓都能吓死人。故此，没人理会他，更没有小孩愿意跟他交朋友。

不久，村里修建公路，征用了老头留下的那间屋子。村里人说，补点钱给他吧，毕竟他是老头养大的孩子。村长不愿。

后来，几位德高望重的老者实在不忍心，站出来发了话，才算了事。老者们说，他还是个孩子，给他钱也没用，不如给他个住处。公路修通后，村公所反正要重建，不如就把旧的那所给他吧。

他把老头生前用过的被子搬进了旧村公所。可怜，村长对当年的一石之仇怀恨在心，私自切断了旧村公所的水和电。

母亲说，那时他真的还小，虽然性情怪异，但想想也够让人心酸。母亲生来是个软心肠，自然看不过去。于是，隔三差五就会往旧村公所门口放点东西。

母亲总是悄悄地去，悄悄地回。

我十三岁那年，家里着火，很多人望而却步，只有他，奋不顾身地冲进门去搬东西，喊也喊不住。

他感念母亲的恩情。因此，对我格外照顾。村里有谁欺负我，他总会第一时间出来帮我。

常年摸爬滚打，使他拥有一副健壮的体格，加上"臭名"在外，就更是没人敢招惹他了。

秋收那季，他几乎天天都来地里帮忙。重活脏活累活，一个人全揽。他啥也不要，只求母亲管顿饭。他说母亲做的饭，是天底下最好吃的饭。

我十五岁那年，村里公映《妈妈再爱我一次》。这是乡亲们第一次看电影，特别好奇。房前屋后，人山人海。

影片中途，一个男人撕心裂肺的哭声划空而过。所有人循声望去，只见一个年约三十的彪形大汉独自蹲在树下，哭得上气不接下气。

那是我第一次见他哭。

饥寒、疾病、冷漠、唾弃、羞辱，都没让他掉过一滴眼泪。而今，一部电影，倒使他无法自控了。

很多人不理解，可我和母亲却懂得。

在他心里，妈妈永远是一道抹不去的伤。

（一路开花）

母亲留下的"作料"

　　长久以来，每当威尔顿从厨房门前经过的时候，总觉得有一种东西在深深地困扰着他。那是一个放在灶台上方的金属罐。如果不是索菲亚一而再、再而三地叮嘱他千万不要去碰的话，他可能还不会像现在这么在意它，甚至还被它深深地困扰着。"为什么不让你去碰它呢？"她说，"因为那里面放着的是一些神秘的药草，是我母亲留给我的，而且，因为用完了就没有办法再使其得到补充。"所以，她担心如果威尔顿或者其他什么人把它拿下来看的时候，会不小心把它打翻，而使那些珍贵的药草洒落到地上。

　　说实话，这个金属罐其实一点儿看头都没有。它是那样陈旧，陈旧得连它最初像花儿一样深红和金黄相间的颜色都已经退去了。不仅如此，你还能很清楚地分辨出它曾经被一次次拿起来以及一次次打开过。

　　不仅仅是索菲亚的手指抓过那儿，她的母亲以及她祖母的手指也都曾经抓过那儿；虽然威尔顿不知道索菲亚的曾祖母是否也曾用过这个金属罐和里面"神秘的药草"，但是，他却有一种感觉，感觉索菲亚的曾祖母也曾和她们一样用过这个金属罐和里面"神秘的药草"。

对于结婚以前发生的事，威尔顿知道得并不多，但是，他唯一能确信的是，在他和索菲亚结婚后不久，她的妈妈就把这个金属罐给了她，并且一再叮嘱她要像自己一样，用好这个金属罐和里面"神秘的药草"。

于是，索菲亚就老老实实地按照母亲的嘱咐去做了。每次做菜时，威尔顿都能看到她从架子上取下那个金属罐，然后，从里面取出一点点儿"神秘的药草"，并且把它们撒进其他作料里面。即使是在烘焙蛋糕、馅饼以及饼干的时候，他也能看到她在它们上面撒上一点儿，然后才把平底锅放进烤箱里。

其实，对威尔顿来说，不论那个金属罐里装的是什么，都可以不去管它，重要的是，那种"神秘的药草"确实非常有效，因为，威尔顿始终都觉得索菲亚是世界上最好的厨师。当然，这可不是他个人的看法——凡是在他家吃过饭的人，没有一个人不盛赞索菲亚的厨艺。

但是，她却为什么不让威尔顿碰那个小小的金属罐呢？那"神秘的药草"究竟是什么样的呢？它是那么精细，以至于每当索菲亚将它撒在饭菜上的时候，威尔顿完全辨认不出它的结构与成分。很显然，每次她都使用很少的量，因为她说过没有办法使它获得补充。

如今，他和索菲亚结婚已经30年了，而那一小金属罐"神秘的药草"却还没有用完。真不知道索菲亚是如何使这一小罐"神秘的药草"使用了30年还没有用完的。不仅如此，它还从没有丧失使人对她做的饭菜垂涎三尺的魔力。

威尔顿变得越来越渴望去看一看那个金属罐里到底有什么了，但是，他却一直都没有那样做。

然而，有二天，索菲亚生病了。威尔顿连忙把她送进了医院，医生要她住在医院里观察一夜。无奈，威尔顿只好一个人回家。当他回到家里的时候，发现一个人待在家里是那么的孤独，又是那么地寂寞。要知道，在这之前，索菲亚从来都没有在外面过过夜。当晚餐时间来临的时候，他却不知道该做些什么——因为，索菲亚一直是那么地喜欢烹饪，所以他从来都没有为要多学点儿做饭的本事而烦过心。

当他走进厨房去看冰箱里还有些什么东西的时候，那个摆放在架子上的小金属罐立即闯入了他的眼帘。他的双眼仿佛是被磁铁吸住了一般牢牢地盯着它——当然，在电光火石般的刹那之间，他的目光也曾迅速地转向别处，但是很快，强烈的好奇心又使他的目光重新回到了这个小金属罐上。

那个金属罐里放的究竟是什么呢？索菲亚为什么说他不能去碰它呢？"神秘的药草"究竟是什么样的呢？它究竟还剩下多少呢？

带着这些疑问，威尔顿再次把目光转向别处，并且拿起厨房柜台上大蛋糕的盖子。啊！索菲亚的大蛋糕还剩下一大半呢！于是，

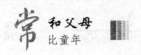

他切下一大块，坐在餐桌边吃了起来。可是，刚吃了一口，眼睛就又情不自禁地瞥向那个小金属罐了。如果看一下里面它会受到什么损害吗？为什么索菲亚对这个金属罐总是显得那么神秘呢？

威尔顿又吃了一口蛋糕，脑海里在激烈地争斗着——他究竟该不该看呢？就这样，他目不转睛地盯着那个金属罐，一边吃着蛋糕，一边想着该怎么办。又吃了几口之后，终于，他再也忍受不住那个金属罐的诱惑了。

他缓慢地来到灶台旁边，然后小心翼翼地把那个金属罐从架子上取了下来——要知道，他一生中还从来没有像现在这样这么谨慎、这么小心，生怕自己在偷看这个金属罐时真会把里面的东西洒落到地上。

他把金属罐放在柜台上，然后小心翼翼地打开了盖子。他惶恐得几乎不敢往里面看！可当金属罐内的一切完全映入眼帘的时候，他惊讶得睁大了双眼——哦，天哪！怎么会是这样？他简直无法相信自己的眼睛！因为，除了在罐的底部有一张折叠起来的纸片之外，金属罐竟然空空如也！

威尔顿伸手去拿那张纸片，他那布满皱纹的粗糙的大手好不容易才伸了进去。他捏着那张纸片的一角，小心翼翼地把它拿了出来，在厨房那明亮的灯光下，缓缓地展了开来。

只见，在那张纸上，潦草地写着一句很简短的话。威尔顿立刻就认出那是索菲亚母亲的笔迹。这是一句非常简单，然而却令人难以忘怀的话语："索菲亚——记住，食物如同生活，无论你做什么食物，都不要忘了加一点儿爱在里面——那是女人给予家的'作料'。"

顿时，威尔顿只觉得心头涌起一股暖流，泪水盈满了眼眶，他哽咽了。就这样，他呆呆地注视着这张索菲亚母亲留下的薄薄的纸片良久、良久……

然后，他更加小心翼翼地把这张纸片按照原样折叠好，放进金属罐里，再把金属罐放回了原处。接着，他平静地回到餐桌边，默默地吃完他的蛋糕。如今，他终于完完全全地明白蛋糕为什么这么甜美了……

（沈农夫　译）

父爱不用分辨

　　4岁的豆豆在车厢里开心地蹦蹦跳跳，就像一颗可爱的"精灵豆"。他满眼温情地看着聪明活泼的儿子，然后与坐在身边的妻子相视一笑。他觉得心里的幸福就像电视特技镜头里的花儿开放一样，听得见"噼噼啪啪"的花开声。

　　他姓金，儿子小名就叫"金豆豆"，这可是名副其实的金豆子，是爷爷奶奶心里的宝贝蛋，是外公外婆手心里的开心果。这不，一家三口趁着周末刚到宁波玩了一天，爷爷奶奶就受不了啦，电话一个接一个地催："一天没见我大乖孙，想死了，今天晚上就回家，爷爷奶奶做好饭菜等乖孙回家吃饭！"听得他都"吃醋"了："是不是只做了大乖孙的那一份，儿子儿媳都没得吃？"说得老人在电话里咯咯咯地笑开了。

　　从宁波上车后，这列D3115次动车就一直保持着234千米的时速运行，儿子问他："爸爸，我们什么时候到家？"他说："晚上8点10分就到家了。"儿子望着窗外飞驰的景色说："我们向家飞喽！"

　　19点47分，动车准时到了永嘉站，透过玻璃看到强烈的闪电像蜿蜒的长蛇一样划过夜空，漆黑的夜色一瞬间亮如白昼。正常情况下，动车在永嘉站只停靠1分钟，然而20多分钟过去了，列车都没有动。20点15分，车上传来了广播声："前方雷电很大，列车不能正常运行，正在接受上级的调度，希望乘客谅解。"

20点28分，车终于缓缓开动了。还有大概20分钟就到瑞安站了，他开始从行李架上取下行李整理起来，儿子也伸过小手来帮爸爸整理……

"啊……"在他还没有来得及反应过来的一瞬间，整个车厢发出了惊恐而凄厉的尖叫声！他下意识地一把抓住身边的儿子，将儿子紧紧搂在怀里。

四周突然一片漆黑，他已来不及喊妻子，他和儿子在翻滚，巨大的力量将他揉面团一样狠狠地砸过来，又狠狠地甩过去。

他感觉自己的头骨被掉裂了，浑身的骨头都断了，他的面孔不断受到重创，血汨汨地往外淌……其实这时候，他可以本能地抱住自己的头减轻伤害，但他顾不到这些了，他只是蜷紧背脊抱紧孩子，心里只有一个念头：让孩子活下来！

慢慢地，他觉得自己眼皮很沉，他似乎听到了父母的呼唤：儿子，回家吧。他觉得自己走到了家门口，看到了窗户透出来的温暖的灯光……

他们被找到的时候，豆豆的身体完好无损，人们一眼便能认出这是豆豆。豆豆看上去很安静，像睡着了一样。而紧紧搂着豆豆的那个男人，已经面目全非，根本无法辨认他的身份。

为了确认身份，有人建议DNA采样验证。"不用了，"豆豆的外公颤抖着，用嘶哑的声音说，"除了豆豆的父亲，还有谁能用生命守护豆豆？这是父亲的本能。"

生死一线之间，用生命守护儿子的男人，纵使他面目全非，所有的人也能从他模糊的面孔上清晰地看到两个大字——父爱。

（钱根霞）

再富也要苦孩子

2011年4月1日晚20：20分，一架由日本成田机场起飞的客机，平稳地降落在了上海浦东国际机场，数百名乘客满怀喜悦与期待，向前来接机的亲友奔去。

一位母亲焦急地朝出口处张望。终于，儿子的身影出现了，母亲舒了口气。

5年前，儿子高中毕业没能考上满意的学校，就提出要去日本读书。儿子最早住的是集体宿舍，后来嫌宿舍太吵，要出去住，她怕儿子受苦，同意了。后来儿子与几个留学生合住，儿子又嫌合住不自在，要一个人住，她怕儿子受苦，也同意了。尽管单独租房随心随意，但是费用却会大大上涨，

她每个月固定寄钱给儿子。儿子在东京的房租每个月是12000元人民币，一年学费8万，再加上生活费等等，一年开销近40万，5年就花了近200万了。其实她家里并不富裕，她的工资也就每月七千多块。这些年因为儿子的开销实在太大，她不得已只好一次次向亲友们东挪西借。

即使这样，母亲每个月也不忍心少汇钱给儿子，她怕儿子钱少了会受苦。有亲友曾善意提议说让儿子课余打点零工，她婉转地跟儿子提了一下，儿子不大开心，她怕儿子打工受苦，就再未提及此事。

不管怎样，自己辛苦点不算什么，只要儿子过得好不受苦，就什么都好。现在儿子回来了，该跟儿子好好待上几天了。

儿子穿一件黄色上衣，手提一只咖啡色的行李包出来了。母亲满脸笑容地迎了上去，碰到的，却是儿子冷冰冰的一脸阴郁。

儿子劈头就问："这次钱怎么汇得这么晚？"她说："妈妈3月份没有及时凑到钱，汇得比平时晚了一些。"听了她的话，儿子一脸不悦。看到儿子对久别的母亲如此态度，她心里感到有些委屈，她说："以后能省就尽量省一点，这几年你花销也太大了！妈妈现在没钱了，再要钱的话妈妈就只剩下一条命了……"

她觉得很苦，想要把心里的苦向儿子倾诉一些，却根本没有留意到儿子对她的"唠叨"痛恶至极。突然，最亲的儿子突然从包里掏出把尖利的水果刀，对着母亲疯狂地连捅9刀！

猝不及防的她捂着血流如注的腹部颓然倒地。她依然不明白这是怎么回事，她充满悲伤、充满疑惑、充满祈求地向自己最亲的儿子伸出求救的手臂。然而，在渐渐模糊的视野中，儿子冷漠的背影却越来越远……

这样一个发生在愚人节的并非愚人的"故事"，令人慨然之余，无数为人子、为人父母者会想：谁之过？

当父母们喊了无数遍"再苦不能苦孩子"的时候，可曾想过：父母们无原则的溺爱与放纵，会使从小从未经历过物质艰苦和精神挫折的孩子不知"辛劳"和"珍惜"为何物；当父母满足子女的能力与子女日渐膨胀的私欲反差渐大时，就极易导致子女的精神和行为的扭曲、乖张。

古老的寓言里，一对勤劳的夫妇为了教育无度挥霍的儿子，令其不准带分文去外面自谋生路。一个月后，儿子回来，将一枚辛苦赚来的铜板放在粗糙的手掌上呈给父母看。父亲一把抓起铜板扔进火盆，儿子立刻扑向火盆抢出铜板——他实在太懂得赚取这一枚铜板所付出的艰辛了！

"雄鹰翱翔天宇，有伤折羽翼之时；骏马奔驰大地，有失蹄断骨之险。"那么，鹰就不飞、马就不奔了吗？孩子的人生亦然，艰苦与挫折就是孩子成长不可或缺的助推器。所以，请不要让孩子与艰苦挫折绝缘——再富也要苦孩子。

（秦若邻）

父亲是爸爸的高级阶段

　　爸爸把我擎在掌心里，像个小丑一样，一会儿冲我龇牙，一会儿冲我咧嘴。这样的场景，是我童年时光里最快乐的时刻。爸爸对我的爱接近了宠爱，甚至是溺爱，这也许是每个初当爸爸的人都会有的真情流露。

　　随着年龄的增长，他的溺爱换来的代价便是我的不依不饶，不听他的话，学习成绩也一塌糊涂。曾经有一段时间，爸爸代我抄写作业。他故意弯着身子，像只猴子似的扭来扭去，而目的只是为了让字写得幼稚一点。但老师的眼睛是雪亮的，无论他如何伪装，也无法达到字体的很傻很天真，最后还是被老师发现了端倪。于是乎，爸爸家长会、学生会忙得不亦乐乎。

　　他是全班唯一一个代儿子抄写作业的爸爸，老师封他为"冠军"。回来的路上，我在自行车后面挑衅他，他不理不睬，直至我的挑衅升级时，他才跳下自行车来，将我拽到马路牙子旁边，对我怒目而视，且半天不说话，我被他吓得魂不附体。

　　从那天起，我发现爸爸不爱我了。这也许是每个孩子在生命的某个瞬间都会发现的质的改变，原来的温馨场景荡然无存，换回的是冷若冰霜、庄严肃穆。

我与他之间有了距离感，他不再那么容易接近。他总是故意绷着脸，让我望而生畏。再做作业时，他绝不再重蹈覆辙，而是全部由我完成。如果我不能接受这个可怕的任务，他的皮鞭子就会不知何时地举起来，将我的小手敲成"万朵桃花开"。

我不再叫他爸爸，因为他的严厉形象与课本上的父亲形象十分相似。当我故作深沉地叫他"父亲"时，他顿了一下身子，接下来，一幕熟悉的场景重新出现。他将我举过头顶，想重温一下我撒娇时的感觉，因为我的话触动了他的神经。

我却没有与之配合，我告诉他："你现在是一个父亲了，不是爸爸。"他低下身来对我说："是的，我明白了，父亲与爸爸不同，因为父亲是爸爸的高级阶段。"

这句话让我记了半辈子，我一直体会着这句话的内涵，时而清醒时而糊涂，我只是知道父亲比爸爸厉害，不再有亲情的成分存在。

直到我做了爸爸后，父亲也老了，头顶繁华落尽，在儿子1岁时，他便撒手人寰。出殡那天，我与妻子叫他爸爸，他却再也无法将我举过头顶。

儿子小时候叫我爸爸，我觉得十分暖和，觉得做爸爸应该有做爸爸的样子。我溺爱他，将他放在嘴里，擎在掌心里。儿子13岁那年，他的学习成绩让我不能自已。头一次，我打了他。当皮鞭落在他的身上时，我的记忆一下子回到了童年时光，父亲仿佛就站在眼前，他告诉我：你已经长大了。

我变成了一个父亲，不再是那个让人觉得可爱可欺的爸爸，父亲要有威严，要有父亲的样子，不然会误了孩子的前途。你不能永远与儿子是朋友，有时候也会成为冤家，甚至是敌人。

现在我懂了：爸爸只是父亲的初级阶段，父亲是爸爸由量变到质变的结果，是感性到理性的升华。爸爸可以幼稚、可笑，可以随心所欲、无所顾忌，但父亲则不同。你要成熟、庄重、大方，要约束自己的言行，要时刻保持良好的心态与精神，不然你会在儿女面前丢面子，更重要的是，你会让儿女学会你的不好行为。这会影响孩子的成长，更会影响孩子一生的发展，

父亲是爸爸的高级阶段，这个阶段永无止境。

（古保祥）

邪念生时须自抑

人生活在复杂的社会当中，时刻都会受到各种思想或环境的影响。这种影响，好的自不待言，而如果受到坏影响，即使是一直表现好的人，也难免萌生邪念。"金无足赤，人无完人。"万一萌发了邪念，这并不值得大惊小怪，问题的关键是在那一念之差时，能否以道德修养为重，对自己头脑中萌生出的邪念及时加以抑制。有些人之所以积邪成罪，就是因为在邪念产生时放纵自己，从而由小恶到大恶，以致不可救药。因此，自抑邪念，是加强自我修养的一项重要内容，是为人处世必不可少的重要原则。

北宋有个名叫张咏的大臣，堪称是一个能自抑邪念的人。他在蜀帅任上，曾择10个良家女子，充帅府浣洗、缝纫之役。不久，他看上了其中一个女子，深夜里心动而起，正想要去做越轨之事时，突然止步不前，口里不断发出"张咏小人！张咏小人！"的自我谴责，最终保持了自己的清白。明代有个叫刘大夏的京官，一年调任某地知府，到任后清点库银，发现有近万两没有入账。他叫来库吏询问缘由，库吏说这叫"羡余银"，即根据预算开支，上年度节约下来的钱，按惯例都归知府个人所有，即使朝廷知道了也不算贪污，现在多的银于是前任知府没有全部拿走的，继任知府完全可以收受。刘大夏听后一言不发，心想既是惯例，自己也可以得。但就在库吏走后不久，刘大夏突然不断敲打自己脑袋，大声谴责自己说：“刘大夏呀，刘大夏，你一向以读诗书、做清官自许，怎么今天才见了这笔钱就动心了呢？你的书不是白读了吗？”说着唤来库吏，命令他立即把这笔“羡余银”入账，作为办公费用。刘大夏为官一生清廉，与他这种善于自抑邪念的修养是很有关系的。

看过电视剧《军魂》的人，都记得有这样一个镜头：战士李海只身捣毁敌军指挥部后凯旋路上，恰好遇上原来与他有些怨隙而这时受了重伤的排长白易之。这时四周除了他们两个外，连个人影也没有，于是李海脑际一闪，将枪口对准了白易之。但就在这刹那，他抑制了自己的邪念，放下了枪，可是又萌生了撒手不管白排长的坏主意，同样也是因为能够及时自抑邪念，才使他最终义无反顾地背起了白排长，回到了驻地。剧中的李海爱祖国，恨敌人，作战勇敢，堪称英雄。但是如果他在对待白排长问题上先后萌生的两邪念未能及时自抑，那么他是何种人物，肯定另有别论了。李海之所以成为英雄，能够及时自抑邪念，不能不说是一个重要因素。

现实生活中这样的事例也很多。笔者有个朋友，有次在与其他单位的一笔经济来往中，对方由于疏忽，多给了他2000元。他回单位后发现了这笔多出的钱，很是高兴了一番，暗喜无意中发了一笔财。但是当晚他怎么也睡不着，思想斗争十分激烈，最终战胜了邪念，半夜里就打电话给对方，说明天一早就把钱送去，并向对方作了检讨，使对方深受感动。这位朋友之所以能为别人着想，也是他能及时自抑邪念的结果。

自抑邪念其实就是"自律"，而古人把它称作"慎独"，即在无他人发现或监督的情况下，能通过加强自我修养而保持良好的品行，防止和戒除各种劣迹，成为一个有道德的人。由于各人所处的环境不一样，所受的教育也有差异，所以萌生邪念的情形也不尽相同。但不论如何，第一是最好不要产生邪念，万一萌发出来，就应当像张咏、刘大夏．李海和笔者那位朋友一样，立即"打住"，多进行自我反省，就不会沾染罪恶，即使成不了楷模，却保持了良好的节操，也还是个好人。

（何兆基）

幸福是比出来的

老百姓其实很少用"幸福"这个词，譬如我父亲，今年八十多岁了，他总爱用"舒坦"这两个字来形容日子过得幸福。饭桌上，看着鸡鸭鱼肉一大桌菜，父亲抿一口酒，就开始重复他不知讲过多少遍的老话：过去，就是地主老财，逢年过节也弄不上这一桌菜。我活到16岁还不知肉是啥滋味，50岁之前就没咋吃饱饭。那时候孩子多，收入低，想吃没有钱，有钱也买不到。现在，顿顿都是肉，想吃啥吃啥，这日子真是舒坦，我算是知足了。我父亲的幸福感是和过去比出来的。

小区门口有个修鞋匠老张，是个河南人，五十多岁，他把幸福叫"得劲"。我每次去修鞋，都和他聊天，发现他比我的幸福指数高得多，从来都是笑眯眯的，哼着家乡的豫剧小调。他的腿有残疾，结婚晚，找的是个寡妇，带过来两个孩子，都正在上学。老婆没有工作，靠捡破烂补衬家用。我总觉得像他那样的生活，很难与幸福二字挂钩，可是不，他嘴上说得最多的两个字就是"得劲"。孩子学习好，得奖了，他说"得劲"；老婆捡破烂多卖了一二十元钱，他说

"得劲"；自己揽得活多，生意不错，那就更"得劲"。给人的感觉，他似乎是天下最幸福的人。他常说，在老家像我这样的残疾人，很难娶上媳妇的，更过不上城里人的日子，他的幸福感是和他的乡亲比出来的。

我装修房子时，认识一对民工夫妇，姓阮，四十来岁，四川绵阳人，专门铺地板砖，他们把幸福叫"安逸"。两口子的活干得好，价钱也公道，我这个楼的住户都争着请他们干活。他们也不租房子，干到哪里住到哪里，给我干活时，就住在我的房子里，一副简单的铺盖卷，一个电饭锅，自己买菜烧饭，每天都干到很晚。我和他们聊过几次，虽然他们用的是"川普"口音，但一说快了就很难听懂，不过，我听他们用的最多的一个词就是"安逸"。他们对现在的生活很满意，只要有活干，每个月都能挣上三四千元，比远在广东打工的几个弟弟都挣得多，弟弟们跑那么远，还是台湾的大工厂，听着怪吓人，可票子还没老阮挣得多，"硬是安逸呀"！老阮最喜欢用这句话来形容自己的幸福。老阮的幸福感是和自己的弟弟比出来的。

于是，我悟出一个道理：幸福是比出来的，不幸福也是比出来的。关键是要找对比的对象，像我父亲感到幸福，是因为他和过去衣食不给的苦日子比，如果他硬要和那些终日吃山珍海味的大款比，那就不会有什么幸福可言了；修鞋匠老张感到幸福，是和老家那些娶不上媳妇的残疾人相比，如果他和城里那些修鞋的主顾比，心理就很难平衡了；同样，民工老阮的幸福，是同打工的弟弟相比的结

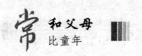

果，如果他和小区的这些住户相比，那恐怕也不会有太好的心情。

胡乱攀比，结果把幸福感比没了，这就是自寻烦恼，世界上不知还有多少人和我一样，身在福中不知福。

事在人为，境由心生。幸福是比出来的，能比出舒坦、比出得劲、比出安逸，那才是明白人。

（齐　夫）

不必尝尽幸福的甜

　　去看望刚刚做了母亲的女友，她向我展示一墙的霓裳艳影，全是梦幻的公主裙、公主鞋、公主发圈。我啼笑皆非。女友说："女儿要富养，我可不想将来让一个穷小子用根棒棒糖就把她给骗了。"我实在不忍扫她的兴，终于温和地说："你不怕穷小子两句免费甜言蜜语就把她骗了，她还自带嫁妆吗？——中国，从来不缺后花园赠金的传说。娶富家女是全体中国男人的幻想。"

　　王宝钏不曾被富养吗？她的族人，甚至为她的婚配搭起一座花楼，供她任性地掷花球。那时，她知道何者是贫苦吗？饥饿、穷痛、被侮辱被损害的滋味，她要在漫长的时光里一一历经。坚贞一钱不值，娜拉出走不是堕落就是回来——还有第三条路，寒窑里十八年的酷刑。

　　卓文君也不是被穷养的吧？良好的生活让她姿容俏美，趣味高雅，有音乐品鉴力。可是男人要吗？重点明明在她的钱上面。男人让她抛头露面，当垆卖酒，明知道她的家人会心疼。这其实就是一种绑票。深爱她的家人屈服了，而那绑架者——你能相信是真爱她

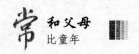

吗？她果然中年被弃，关于她的下场，正史上没有留下一个字，有打抱不平的诗人替她说："男儿重义气，何用钱刀为。"男人应该重感情，那么钻到钱眼儿里做什么？

含金匙而生，是非常危险的一件事。宝玉一翻脸，就把通灵宝玉往地上摔：他不知道它的珍惜，与生俱来，于是全不稀罕。外人眼中价值连城的宝物，在他眼中跟拨浪鼓没区别。

被富养的女孩子，就像在蜜窝里喝蜜水长大——腻得下意识自找苦头吃。绅士君子见惯了，奸人盗匪反而显得别开生面；软语温言听多了，呼来喝去倒更像真性情。而一旦爱，她甘愿全心付出，像她的父母、她周围所有人对她做过的那样：给出去，实现对方的一切需求。

而一切都是不会重来的：时间、曾经纯真的心、年轻的身体……也包括散尽的千金。而如果早早地就让她知道这世界上坏人的存在——不是每个人都爱你，像父母一样；了解赚钱的艰难，一滴血、一滴汗，都不一定能换回一分钱；明白人生是大路多歧，世事多艰，父母只能庇护她一时，更多的时候，她得自己先动脑再动心……

要想小儿安，三分饥与寒。就是这个道理。

爱我们最心爱的女孩子们，不让她们尝到不幸的苦，却也不必让她尝尽幸福的甜。据说香港的甜品店招牌上的"甜"字，右边的"甘"字都会少一画：甜少一些，甜久一些。太多的甜太多的幸福，反而让人味蕾迟钝，终久生腻。

（叶倾城）

咱爸咱妈的暖

　　回到家，一切都没有什么变化，房子还是那房子，院子还是那院子，人还是那两位老人——我的父亲和母亲。小院是那样的静，一种青花瓷般的宁静，这让我内心平和、踏实。能有什么变化呢？两位年过七旬的老人，就像古玩，不可能变新，也不可能改变自己的形态，若改变，就只能是破损了。对于老人来说，没有改变，就意味着平安，而平安就是儿女最大的福。

　　第二天是除夕。像往年一样，我们分工干着不同的活。儿子打扫庭院，妻子洗刷碗筷，我则做农家的两道菜：鸡鲊和猪蹄冻。这是两道凉菜，早早做好以备不时之需。鸡鲊又叫蒸鸡，是拿一只处理干净的整鸡，肚腹中填入八角、葱段、姜片等作料，放入一个盆中，再将盆搁进一个大铁锅中，铁锅里加水，鸡上层层放入胶东大白菜，一层白菜加一层油盐，然后用柴火烧蒸，鸡熟白菜烂，放在一边冷却后随时取食。猪蹄冻是用干净的猪蹄熬制而成，碎肉极多，猪蹄本身又有极大的胶性，所以完全是本色的。我做这两道菜，做得很细致、很用心，完全是用一种美好的心情去做，像当年我的父亲那样。

当年，父亲也是在"除日"做这两道菜的，这一天我负责打扫庭院，几个妹妹帮着母亲洗刷碗筷、贴窗花。那时候，农家的生活是比较贫困的，做好的这两道菜，孩子是不能吃的，专供飨客。所以这一天中午，父亲同时还要做一道炖菜给我们吃，那就是猪肉炖白菜，猪肉是大块的，白菜是自己种的。我们一边做活儿，父亲的猪肉就一边在锅中咕嘟着，远远地就能闻到缕缕肉香。等到活儿做好了，猪肉也炖熟了，大家围坐一桌，每人分食一大碗，热乎乎的一碗猪肉炖白菜，捧在手中，是一种极美的生活享受，它深深地铭刻在我的记忆里，至今想来，仍是一生中最美的午餐。

已经忘记是哪一年了，除日的这些活儿，我接替了父亲，妻子接替了母亲，儿子则接替了我。我们完成了一个家庭工作的交替，也开始了另一种传递。

现在的母亲，终日守在火炉边。她怕冷，怕风吹，身体羸弱如婴儿，一经风吹天冻就会感冒、咳嗽，遵医嘱，只好守在火炉边。她除了闭目养神外，最重要的事情就是不停地问候她的孙子。孙子在合肥上学，她大概是从电视上看到合肥下大雪了，所以总是喊着孙子的名字问："合肥下大雪了，那儿一定很冷吧，冻着了没有？"这已经不知问过多少次了，她的孙子只好一遍又一遍地解释。有时，一看到她认为是自己的孙子不高兴的表情，就忙问："怎么不高兴啊，谁欺负你了？告诉我，我找他去！"而我，站在一边，只是笑，笑到深处，就禁不住悲从中来，泪眼盈盈，感伤自己母亲的衰老。

我们做活儿，父亲也闲不住，但又不知做什么好，一会儿动动这儿，一会儿动动那儿，总是不停地动着，他自己大约也不知干了些什么。他这台老旧的机器，已习惯于不停地运转。有时候，我会停下手中的活儿，静静地看着父亲，像是在阅读一本旧书，他每一次蹒跚地迈步，都是对书页的一次翻动，我能看到他书写在页面上的烟火。

对于年迈的父母来说，我只能坚守，用温暖去守住他们的衰老，让那一抹夕阳拥有更加美丽的灿烂，力争使他们的生命活得更久一些，更久一些。

（王小蔷）

家是那棵让人流泪的树

    在中国、塔吉克斯坦、阿富汗、巴基斯坦和印度等国的边境上，有一条长8000公里，宽240公里的山脉，名叫喀喇昆仑。全世界低纬度山地冰川长度超过50公里的共有8条，喀喇昆仑就占了6条。

    喀喇昆仑山脉中段、新疆维吾尔自治区皮山县境内，有一个名叫神仙湾的边防哨所。我最好的朋友，就在这个地方保家卫国。

    我没去过，只能从偶尔的电话中了解关于他的一切。

    他已经很多年没有回过家。他的父母在农村，没读过书，也不识字，只是听说他在新疆的雪山上，其他的，便一概不知。

    我从各类书本上寻找关于这个地域的信息。内心忽然一片潮湿。

    这个被称为"高原上之高原"的神仙湾，海拔高度为5380米。一年里，每秒17米以上的大风天占了一半，冬季长达六个多月，年平均气温低于0℃，昼夜最大温差可达30℃。最恶劣的是，此地空气中的氧含量不但不到平地的45%，紫外线强度还比平地高出50%。

    他曾给他的父母邮过两件新疆特产的羊毛大衣，并在口袋里夹寄了一封仓促的信件。内容很短，笔迹潦草，是我站在门口给他父母亲口念的。"爸，妈，我在新疆很好，这里到处都是葡萄干和羊肉串，当然，羊毛大衣也很便宜。我给你们买了两件，很暖和，希望你们二老保重身体，等我回来孝敬……"这显然是一封未完成的信件。孝敬二字后面，应该还有很多很多活要说，很多很多泪要流，但一切都已经来不及。也许是返回哨岗的号角已经吹响，也许是一年才来一次的邮递车将要开走，也许……也许……

起初我真以为他所在的地方真有百般好，还在难得接通的电话中埋怨他，为何过年都不回来？怎么也不给我邮点新疆哈密瓜？他毫无抱怨，毫无情绪，光是傻笑。

后来，得知实情，忽然有种泪落的冲动。他每天吃的是压缩干粮，喝的是70℃就沸腾的雪水。集训途中，因为海拔过高缺水，甚至只能用尿液来使自热米饭升温。他所在的地方，长不出一株小草，也长不出一棵坚强的绿树。

他让我替他保密，无论如何，千万不能让他的父母知道实情。他不想让他们担心。

第六次电话，是在2010年的冬天。他仍然告诉我，过年无法回家。那一刻，我没有骂他，我只是轻声说了句"兄弟放心，二老一切有我"，他便在电话那头哭得没了声音。

2012年1月4日，部队正式通知，他今年可以回家。我从北京转机赶去乌鲁木齐接他。

两个年轻的战友用部队的大车把他直接送到喀什。中途，车停

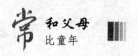

了，他们三个人不约而同地跑下车，抱着路旁的两棵大树痛哭不止。

　　为什么要哭？很多人不理解。但如果知道他们已经三年没有见过绿色，没有吃过青菜，没有回过家的话，我想，任何人都会被这奇怪的一幕所打动。

　　他们是真正的守卫者。虽然他们用有限的生命和男人的孤独谱写了热血祖国的太平，但他们从来没有忘记过家。在他们心中，家，一直都是那棵让人流泪的树。

（一路开花）

生命里最重要的那个人

在父亲住院的那段口子里，情绪变得难以控制。"不是说要尽孝吗，报答养父养母吗？现在需要你的时候到了，你有责任分担一部分啊。"当初，我是这样想的，我一边上学，一边尽孝，而我与父亲之间的距离空前地近。

父亲是个不善言淡的人，这点从父亲脸上的笑容就可以洞察到，生命教会了我用感恩去激发感恩，这样感恩就会像奔腾的水一样永不枯竭。我在父亲的眼中也可以成为他生命的一部分，他也是我心目中最重要的人。

日子过得很快，正当我以为这次灾难拉近了我们"父子俩"的距离时，他突然说："榜榜，过一段时间，我想把你送回家……"我的神经像触了电一般，世界变得天昏地暗。像当年我喊他第一声"爸爸"时一样，只不过那次是兴奋，而这次却是难以名状。我分明看到父亲侧过脸，用手掩盖眼角的泪痕。我想他不是认真的。可等我恢复了知觉，确认父亲没想再说什么，我放下了手中的碗，借去洗手间的机会，逃了出去，我冲进了洗手间，眼泪不停地流了下来。

养子总归是养子吧，我们之间缺乏"血缘"这一黏合剂，所以爱变得沉重而疏远。从此，我很少去医院看父亲，倔犟的脾气让我从容地选择离去，逃避是我的一种自我保护。但回想起在我生命最无助、无奈时，父母那无微不至的关怀，我不敢再想下去，因为一旦记忆被打开，往事就会历历在目。想到十几年的亲情与付出就这样即将毁于一旦，止不住的悲伤就像肆无忌惮的狂风吹乱了我的思绪。晚上总是睡不着觉，神经总是痛。

父亲做手术的那天，我很担心：担心父亲的手术的情况，担心我会不会离开这个家。我自己也在怀疑：我还在犹豫什么？顾虑什么？期待什么？一时间剪不断，理还乱。

父亲的手术很成功，只需要住院一段时间观察。我匆匆地收拾好东西，其实没什么东西属于我。我带上一些照片，那是我唯一珍贵的东西。写下了留言，我准备走了。突然，门响了，母亲回来了。

"你在干什么呢？"母亲满脸的惊讶。

"我回家……"我的声音小得可怜。

"你说什么胡话，傻孩子……"

"不想要就直说，我走就是了。"我再也无法控制情绪，心里堆积的火山终于爆发了。

"谁说的，傻孩子。"母亲走了过来。

"是我爸亲口对我说的。"

"怎么会？你想错了，你听妈给你解释：你爸一直没让我告诉你，怕影响你学习。医生说他的喉部手术难度很大，成功率顶多有百分之30，你爸怕万一手术不成功怎么办？他做了最坏的打算，嘱咐把'后事'办好，把房子卖了，拿着钱，让我带着你，一起回老家，这样你又会有一个完整的家，毕竟你还太小……"母亲越说越激动。而我呆呆地伫立着，但心中的阴霾一扫而光。

父亲出院的时候，虽然还能看出病魔洗礼后残留的憔悴，但他风采依旧。"儿子……"当他把我抱进怀里的那一刻，我们的眼睛都湿润了。

（栾金榜）

低到尘埃里的爱

在我一直专注于自己的事情时，母亲也在悄然发生着变化。对待一年只回家一次的我，她关心备至、呵护有加，甚至有时不知怎样做才最好。她的表达方式和说话语气，以及眼神，都已然变得谨慎、小心翼翼，甚至带着讨好，有点低三下四。

一天中午，母亲在外屋准备午饭，我在里屋上网聊天。突然，她推门进来，脸上堆满笑容，距离我大约两米的地方站定，讨好地说："儿子，妈想跟你说一件事，怕你不高兴。""什么事？你说。"我抬头望了她一眼，又低下头去。"妈跟你说了，你别有什么负担。""嗯。你说吧。""那妈就说了？""妈你真啰嗦！""呵呵，就是……如果你钱不紧，给你爸一点儿玩麻将的钱。""我不是给了你们每人一千吗？""嗯嗯，给了。我是说……你跟你爸说，爸，给你点钱，你去玩麻将吧。他有是他的钱，你给是你的。他一定会很高兴的. 他脾气就那样……""哦，别说了，我知道了。"我突然有了莫名的情绪，抬起头，看了母亲一眼，她还定定地站在那里，好像还要说什么，不准备离开。"儿子，妈就是这么一说，你别有什么负担，也别生气啊?""噢,没有……"我明显变化的情绪,终于令母亲不再言语,她默默退回外屋,继续做地的午饭,而我,目光虽仍盯着电脑屏幕,满脑子想的却是母亲刚刚说过的话和她的言谈举止。

其实,母亲一离开,我就为自己刚才的态度后悔了。同时,我也在想,究竟从什么时候开始,我与母亲之间的"角色"发生了转换,一个强势到凡事以自我喜怒为中心,一个却变得谨慎入微。她跟自己的儿子说一件事,要调整好表情,脸上堆满笑容;要事先争取"不要生气"的保证,做铺垫;还要在说完后,一遍遍以"别有什么负担"消去儿子的不快……那也就是说,这个想法在母亲脑子里可能反复想了几遍,左右权衡,该不该说,怎样去说。决定最终要说,一定下了很大的勇气;又担心会掀起"风暴",所以才会那么谨慎、小心翼翼。那么,之前一定是我做了什么过火的事,说过什么过激的话,以至于母亲在一次次的被顶撞、被斥责中,最终被吓住了,再也不能像从前那样随心地说话做事,一切要看儿子脸上的阴晴变化。

因为我回来的缘故,父亲晚饭后就不再去找人打麻将了。他和母亲坐在炕头一侧,喝水、聊天、看电视,我在炕的另一侧上网聊天、看新闻,偶尔跟他们说上几句。在老家,睡的还是土炕。虽然晚饭后,母亲又烧了很多柴火,炕烧得很烫,但外面是零下二十几度的天气,土坯房很快就会凉下来。所以趁着炕还热时,母亲就开始铺被子。而此时,我正趴在我睡觉的地方,聊兴正浓,不愿换地方，于是就说："妈，我的等会儿再铺。""等会儿就凉了。"母亲的语气很坚定，但声音却很小。"没事，我不怕凉。"母亲不再言语，我继续聊天，未动，但她也没有离开，我感觉到她在我身边一点点蠕动着。我一回头，很明显她是担心我生气，忙解释说："妈碰到你了吧？你上你的，妈在一边铺。"原本确有一点儿牛气的我，心一下子柔软下来。"没有碰到。刚好，我也累了，不想玩了。"母亲又重复一遍："铺晚了就凉了。"我和母亲一抻一拽，一起铺好被子，她才坐回自己那里。那一刻，我发觉，她得到我的配合和响应后，神情一下子恢复了自然和轻松。我突然恍悟到，我的事其实越来越少地需要地，也许只剩了准备一日三餐和铺被子这样的小事，做母亲的天职一点点地被剥夺，满心的给予一点点被忽略，她一定感到从里到外的失落和伤感。

接下来的几天，我有意留心观察母亲：即便她与父亲发生不愉快，她的心情很糟，而对我时，她也脸上挤出笑容，每顿饭前必叮嘱我"别冷风热气吃，喝点热水"；即便我吃饱饭或是清晨起床，她必嘱我"多吃点""多睡会儿"，时间一长，我觉得啰嗦，便当听不见，不回答她，下一次她照样嘱咐；还有，我正视她时，她的眼神总是躲闪不定、不知所措，她看我时，带着几分讨好的笑意……母亲的无微不至与小心翼翼、爱与隐忍，与我莫名的厌烦、冷漠和又臭又硬的脾性，形成鲜明对比。往往事一过，我就感到后悔；我也清楚，时间过得越久，在外面遭受的风雨越多，我就会越怀念、越愧疚。

夜里，我躲进被窝，不停地搜索、拼凑我与母亲间的点滴记忆。一句话的点滴，几句对话的片段，破碎、断裂、凌乱，难以拼凑完整；更不必说找寻出我究竟做了什么、说了什么，令母亲变得今天这样谨慎、小心翼翼。我回味这几天的"留心观察"，深深的愧疚最终使我掉下眼泪：我不知道从什么时候起，等我发现时，母亲的爱，依然强烈，它们却比落满地面的尘埃还要低。低到，我的痛不停地在内心翻滚，无法名状、无可排遣，却又清晰可见。

（姜继飞）

总是输给我们的人

生活中，也许我们经常会输给对手。然而有的人，却总是输给我们。

八岁那年，父亲准备去镇上买化肥，那时交通很不方便，十多里山路，全靠两条腿走。听人说，镇上好玩极了，从没去过的我也嚷着要去。母亲拿荷包蛋哄我别去，父亲则吓唬我，说路上有凶猛的豺狼，还咬人呢。我不顾父母的劝阻，坚持要去。父亲无奈，最终答应了我的请求。

果然，镇上非常热闹。路过一个小面馆，我拉着父亲的衣角，嚷着要去吃面。父亲为难地说，这二十块钱是恰好买一百斤化肥的，如果去吃面，买化肥就不够了。我说，买不到一百斤就只买九十斤吧，我好不容易才来镇上一趟，总不能让我饿肚子吧。父亲拗不过我，让师傅做了一碗一块钱的面。我吃得津津有味，而他却转过身去，喝了一杯白开水。

走出小面馆，不远就是鞋店，我又拉着父亲的衣角，嚷着要去看看。父亲知道我又有想法了，说下次再去吧。我说下次不知要等到什么时候呢，你看我的脚趾头都露出来了。父亲无奈，只好同我到了鞋店，花两元钱买了一双小巧的球鞋。

快到化肥店了，这时路上过来一辆人力三轮车，载着许多玩具，我又嚷着要去瞧瞧。父亲拉着我的手，说我们先买化肥吧。我说这是第一次来镇里，让我看个新鲜吧。父亲没办法，只好叹了口气。我看中了一把玩具气枪，嚷着又要买。摊主要十元，父亲一听吓了一跳，说如果买枪就真的没钱买肥料了，于是拉着我的手就走。我说这是第一次买玩具呢，你就成全我吧，我将来好好学习，否则我没心思上学的。父亲的心又软了，和摊主软磨硬泡，最后还价到六块。

当我扬扬得意地拿着气枪在玩时，父亲却黯然地拿着剩下的十元钱买了五十斤化肥。回家的时候，我翻了两座山就没力气了，靠在路边一动也不动。父亲鼓励我，说男子汉要坚强一点，要不怕困难。我哭道，你看我脚上有许多血泡呢，根本走不了。这时，他一声不吭地把两小袋肥料放在一个筐里，把我放在另一个筐里，挑着我和化肥在崎岖的山路上前行。看着他再一次输给了我，我心里非常得意。

我的成绩一直都不错，在班内名列前茅，父母对我抱有很大的希望。可高三时，我恋爱了，这导致我的成绩急剧下降。父亲非常着急，趁我月末回家时给我做思想工作，苦口婆心说了一大堆，听得我很不耐烦。最后我说，爸，今年我已满十八周岁，自己的事情可以自己做主了。你十八岁时都准备娶我妈了，难道我十八岁就不能谈恋爱吗？父亲听了，脸涨得通红，气得一阵咳嗽。没想到，这一次争斗又以我的胜利而告终。

早熟的种子终究结不出好果子，那年高考我考得一塌糊涂。随着学业失利，女朋友也拜拜了，我的心情非常失落。经过一番思量，我准备南下打工，可父亲想让我复读。最终，父亲还是没有拗过我，看着我背着行囊即将南下，他叹了口气，无奈地摇了摇头。

半年后，我背着空空的行囊回来了。在外尝到了漂泊的辛酸之后，我又萌生了复读的念头。我苦苦地哀求，爸，我还想读书，再给我一次机会吧。然而这一次，父亲没有点头。他说，你也不小了，学门技术算了吧。我又向母亲求情，希望她能做通父亲的思想工作，然而这次父亲是铁了心了。

这么多年来，我从来没有输给过父亲，我想这次也不能输给他。年初的时候，我跑到姐姐家借了五百元，又和学校的老师打了招呼，很顺利地返校复读了。父亲也没办法，但心里头还在埋怨着我。半年后，我又走进了考场。这一次，我打了漂亮的一仗，顺利地考上了大学。看着好几个大学寄来的录取通知书，我高兴得手舞足蹈。

母亲说，儿子啊，虽然你考上了大学，但读书需要很多钱。如果你父亲不同意，你照样没钱读，你还是先去向他道个歉，让他支持你去读大学吧。

我从来没有向父亲道过歉，我想这次也不能例外。随着开学日期的临近，别人都高高兴兴拿着行李去学校报到了，而我仍然待在家里，平时也很少和父母说话。母亲急得团团转，而父亲猛地抽了两口旱烟，随之而来的是一阵剧烈的咳嗽。

那天晚上，父亲回来得很晚。回来后他递给我一把钞票，只说了一句话，这七千元学杂费，你要保管好，然后转身就走了。

后来才知道，那七千元是父亲跑遍整个村子借来的。这一次较量，父亲又输给了我，可我心里很不是滋味。

大学毕业后，我很快在学校里找了一份工作。不久，有了一个女朋友，谈了一年多，就准备结婚了。由于在学校上班工资不高，加之开支较大，上班一年多根本就没存多少钱。结婚后家里负债累累，一方面是读书时借了一大笔，另一方面是结婚时借的，总共加起来有三万多元。为了保证婚礼的顺利进行，当时我没有把家里负债的情况告诉女友。

结婚后，有一次我开玩笑似的把家里欠债的情况告诉了妻子，她顿时情绪失控，说我骗她，闹着要离婚。我只好说这是一个玩笑，才让妻子的情绪缓和了下来。

我赶忙找父母商量，说家里欠债的事不能告诉新来的儿媳，她会闹离婚的。父母听了都默默地点了点头。然而结婚后，妻子掌握了财政大权，我根本没钱还债，这给父亲出了一道难题。

弹指一挥，五年过去了。一次打电话回家，母亲高兴地告诉我，说家里的那三万多元债务还清了，要我在外好好工作，不要担心。

我仿佛是在做梦，简直不敢相信这是真的。我说父亲都是六十多岁的人了，家里哪来那么多钱还债。母亲告诉我，这些年，父亲经常在外打零工，替我还债。每年还六千，五年就还清了。听完她的这句话，我的眼睛湿润了。这些年来，我又成功地躲过了债务，父亲又一次输给了我。

正月团聚，哥哥姐姐们都在家。餐桌上，我当着大家的面敬了父亲一杯酒，说，爸，从小到大您一直都让着我，一直都输给我，什么时候您也该赢一回啊！儿子今天敬您一杯，祝您健康长寿，也希望您能原谅儿子的固执和不孝。

父亲笑道，傻孩子，老爸从来都没有输过呢。当年能够带你到镇上玩，我感到很高兴。只是那时没钱，要不然应该给你多买一些玩具。后来呢，你又考上了大学，还结婚生子了。一切都顺顺利利，说实话啊，只要全家人开开心心地在一起，我就是最大的赢家啊。

父亲说完，平时很少喝酒的他一仰脖子把酒干了。此刻，早已做了父亲的我也忍不住流下了两行热泪，哥哥姐姐的眼睛里也都湿润了。

二十多年来，父母什么都让着我，什么都输给我。他们总是输给我，而我却不懂珍惜，反而一次次地"欺负"他们，一次次地伤害他们。我们应该敞开胸怀，让父母能在有生之年好好地赢我们几回，我们不能一味地索取，而让最爱我们的人一直这样输下去。

（龙喜场）

父亲遗传的琴声

我记得那天，父亲第一次拖着那架沉重的手风琴迈上台阶时，他瘦小的身躯备受重压。他把我和母亲召进起居室，然后郑重地打开琴箱，犹如打开一件珍宝盒。"给你，"他说，"一旦你学会弹琴，它将伴你一生。"

我淡淡一笑，与父亲由衷的笑极不相称。这是因为我一直巴望的是一把吉他或一架钢琴。1980年时，我曾着迷地守在调频收音机旁，倾听戴尔·山农和库贝·切克的演奏曲。在我中意的乐器中，手风琴根本没有位置，看着闪亮的白键和米色的风箱，我仿佛听见压榨机里发出的可笑声音。

随后两周，手风琴存放于门厅壁橱里。后来，一天晚上，父亲通知我，从下周我开始学琴。我以怀疑的目光投向母亲，期待援助。她紧闭的双唇使我明白，自己没交好运。

花三百元买一架手风琴，再花五美元付学费，这不符合父亲的性格。他在宾夕法尼亚的农场长大，一向注重实际。在我们家里，衣物、取暖器，有时连食品都缺乏。

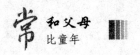

我出生前，他与母亲搬到新泽西州泽西城外祖父母家两层楼的住宅里。我在二层楼上长大，外祖父母住在楼下。每个工作日，父亲都花三小时来往于长岛。他是那里一家喷气机维修公司的主管人。周末，他在地下室里修修补补，把胶合板的废料做成有用的橱柜，或者用多余的零件配在残缺的玩具上。他性格内向，喜爱安静，没有什么比在工作台上更使他惬意了。唯有音乐能使他摆脱全是工具和制作品的小天地。一到星期天开车兜风时，他就马上打开收音机。遇到红色交通灯要停车时，我注意到，他的脚及时地轻轻打拍，似乎跟着每个音符。

我仍不准备学琴。在一次翻腾壁橱时，我发现一个盒子，像是装吉他用的。打开后，里面躺着一把闪闪发亮的漂亮的小提琴。"这是你爸的，"母亲说，"是他父母为他买的。我想，他在农场里的活儿大忙，无暇学琴。"我无法想象父亲那双粗糙的手会在这把精美的琴上演奏。

不久，我的手风琴课开始了。老师是威廉手风琴学校的丹尼尔先生。第一天，琴带紧紧勒在我的双肩上，浑身不自在。"他学得怎样？"课后，父亲问。"第一节课学得不错。"丹尼尔先生说。

我被要求一天练习八小时，而每天我都竭力逃避它。我的前途似乎应在室外踢球，而不该待在屋里学几首很快就会忘掉的乐曲。但父母坚持要我练琴。渐渐地，我能把一些音符串起来了，这令我惊奇。我的两手相互配合，还能拉上几支小曲。父亲常常吃罢晚饭，就让我拉一两首歌。他坐在安乐椅里，听我笨拙地弹奏《西班牙女郎》和《啤酒波尔卡》。"很好，比上周有进步。"他总是这么说。我把这视为一种赞赏，因为他能在我的弹奏中得到轻松。

七月的一个晚上，我正在弹奏一曲《重归苏莲托》。我拉得几乎没有差错。父母让我到敞开的窗口去，一位平日很少出门的长者，正倚在我家汽车上，随着我的琴声梦一般美妙地低声吟唱。当我一曲终了，他乐得咧着嘴，大声说出来："我记得还是我小时候在意大利唱过这支歌。太美了！真是太美了！"

整个夏天，丹尼尔先生的课程越发难学了。现在，掌握一首曲子要花一周半的时间。我始终能听到我的小伙伴们在外面热火朝天地打曲棍球的声音。我也听到有人偶尔讽刺我："喂——，你的奖金和奖杯在哪儿？"

然而，这种羞辱比起即将到来的冬季音乐会来说算不了什么。我将不得不在当地电影院舞台上表演独奏。我想一逃了之。一个星期天下午，我和父亲在汽车里动了肝火。

"我不想演奏了。"我说。

"你必须演奏。"父亲回答。

"为什么？"我喊道，"难道就因为你小时候没学成小提琴？为什么我应该弹这个笨家伙，而你却不必拉你的琴？"

父亲把汽车停在路边，指着我说："因为你能给人们带来欢乐，你能激发他们的心灵，这是我不愿让你丢弃的礼物。总有一天，你会有我从未有过的机会：为你的全家演奏美妙的音乐。你将来会懂得，现在为何要吃苦。"我无言以对。我很少听父亲如此有感情地谈论事情，尤其是谈到手风琴。从那天起，无须父母督促，我就自动练琴了。

开音乐会的那天晚上，母亲戴上闪光的耳饰，化起妆来比以往都要美。父亲早早下班归来，穿上西装，戴上领带，抹上头油。他们提前一小时收拾停当，坐在起居室里情绪激动地聊天。我感受到了说不出的气氛。演奏这样一支曲子对他们来说竟是梦想的实现。

在剧院，当我意识到自己多么想让父母感到自豪时，紧张笼罩着我的全身。终于，轮到我出场了。我坐到舞台上那把唯一的椅子上，完美无瑕地奏完《今晚你是否孤独》。掌声爆发出来，当帷幕降下来时，掌声仍然不断。我头昏脑涨，庆幸自己的严峻考验结束了。

音乐会过后，父母来到后台。他们走路的样子——挺胸昂首、满面生光——使我知道他们十分高兴。母亲紧紧地拥抱了我。父亲用一只胳膊搂住我说："你真不简单，非常成功。"然后他握住我的手，轻轻摇动。

后来，我接连获得了威廉手风琴学校的金奖、州立与国立的音乐会大奖。许多年过去了，这架手风琴成为我生活的一部分。父亲常让我在家庭喜庆之时演奏。我的手风琴课停了，我上大学时，手风琴放在门厅壁橱里，与父亲的小提琴并排。

毕业后的一年，我进了哈佛大学任音乐教师，不久升为教授。

这时我们搬到哈佛附近城镇的一间别墅住，51岁的父亲终于有了自己体面的家。搬家那天，我舍不得卖掉手风琴，就把它带到我自己的家，放在屋顶室里。它依然在那儿，但在我记忆中淡漠起来。一直到几年后的一天下午，我的两个孩子偶然发现了它。大儿子杰克以为它是个秘密宝物，小儿子马可以为它是藏在里面的幽灵。

我打开琴箱时，他们笑了，并说："弹弹吧！弹弹吧！"我十分勉强地套上手风琴，弹了几首简单曲子。使我吃惊的是，我的技艺仍未减退。很快，孩子们转圈跳起舞来，还伴随着嬉笑，甚至我妻子玛莉，也笑着击掌打起拍子。我对他们的纵情欢悦，惊愕不已。

现在，我是全美国唯一的手风琴与小提琴博士生导师。我想起了父亲的话："总有一天，你会有我不曾有过的机会。那时，你会理解的。"我终于懂得，刻苦练琴和为他人奉献意味着什么。父亲一直是对的：最珍贵的礼物是能触及人们心灵的东西。

在升任手风琴与小提琴博士生导师时，我给父亲打电话，告诉他我终于懂得了他的话。我匆忙寻找适当的字眼儿，向他表达我花了将近30年才理解的这件珍贵的馈赠物。"不用谢。"他说话时，声音哽咽。

父亲始终没能学习用那把小提琴奏出甜美的声音，然而，他认为他永远不能为家人演奏的想法是错的。在那个美好的晚上，当我妻子和孩子们载歌载舞时，他们虽然听到的是我的演奏，但这实际是父亲遗传的琴声。

（王仕琪　编译）

请帮我抱抱我的父亲

　　七岁那年，正当所有同龄的孩子都在花间烂漫的时候，他却忽然瘫倒在地，昏迷不醒。当他惺忪着睁开眼睛，欲用自己的双手支撑着起床时，才猛然惊觉，自己的双手，已经再也无法动弹。

　　父亲并没有对他隐瞒真相。他被检测出患有一种名叫进行性肌营养不良的绝症。父亲并没有放弃对他的治疗，但所有的医生都告诉父亲，这种病症，全世界不但没有相关的专业治疗机构，更不曾出现过任何一起逢难生还的病例。医生还告诉父亲，无论如何，他都活不过18岁。于是，他知道，自己的生命已经开始进入了仓促的倒计时。

　　他开始害怕每一次生日，害怕每一个灯火辉煌、烟花璀璨的节日。那些在旁人看来值得庆祝、充满欢笑的时光，对他来说，是一次又一次的关于生死底线的临检。他多希望，自己能和那些身安体健的小朋友一样，在宽敞的马路上狂奔、在淋漓的雨中漫步。这些在常人看来是极为平常的事，已经逐日成为他生命里奢望的幸福。

　　父亲默默地承受着一切外来事物给他造成的影响。父亲多希望，那些苦难、疼痛、绝望和屈辱，能够全然转移到自己的身上。父亲为了能使他变得开朗一些，不辞辛苦地背着他，拖着轮椅，在幽暗的楼梯上日复一日。

他是在父亲的脊背上长大的。他对父亲的背，有着一种难以言明的情愫，他曾对生命懊恼绝望，自怨自艾。他觉得，这样的继续，无非是为了承受更多的苦难。但后来，他渐渐明白了——他是父亲唯一的孩子，也是父亲唯一的希望。倘若，连他自己都决定放弃了，还有谁能给父亲带来生活的曙光？

时光荏苒，转眼，他已临近18岁。他似乎已经预知到，自己的生命已是来日无多。父亲从未对他抱怨，亦不曾沮丧，只是默默地陪着他，竭尽全力完成他的每一个心愿。

当他决定在生命濒临尽头的时刻里踏上感恩之路时，已是一贫如洗、家徒四壁的父亲毅然典当了剩余物品，买了一辆二手三轮摩托车，载着他，去走他最后希望走完的感恩之路。

他说，他想亲自看看当初那些对他主动伸出援手的恩人。他想轻轻地跟他们说声谢谢，为他们送上一束鲜花。是他们，让他义无反顾且无怨无悔地坚持到了今天。

这样的路，他们不离不弃地走了整整三年。三年，从寒冬走到酷暑，从凉秋走到雨春。

17000多公里的寻爱之旅，让他更加眷恋生命，更加不舍这个绝美的尘世与半生悲苦的父亲。他多想自己是个健康的孩子，那样，他便可以向他的父亲证明，他的确能做一些力所能及的事情，能为父亲博来更多的欢颜。

当湖南电视台为他举办成人礼的时候，他对着所有同是18岁的孩子们说出了那句沉郁了整整十年的话："爸爸，如果有来生，我希望还能做您的儿子，那时，再来好好地报答您……爸爸，我爱你！"

节目最后，当主持人何炅问他有没有什么心愿时，他面色凝重地说："十年前的一个午后，当我醒来，我的双臂已经再也无法抬起来了，所以，我再也不能主动拥抱我的父亲。今天，我希望何炅哥哥能帮我举起我的双手，让我能好好地抱抱我的父亲……"

瞬间，父亲泪如雨下。

这位在生命尽头只想主动拥抱自己父亲的孩子，名叫黄舸，是《点亮生命》的主人公。多少个日日夜夜，是父子之间的这种深爱支撑着他们，让他们一路走到了现在。而这种爱，也将继续滋养着他们的生命，让他们坚强地迎接明天。

（一路开花）

母爱不说话

　　他比姐姐小，且是个男孩，农村人家，都把男孩当宝的，何况他比姐姐聪明，从小读书好，捧回的奖状贴了满满一墙。

　　姐姐愚笨得很，念书念到小学五年级了，做加减法还要掰着手指头数。姐姐也体弱，整天病病歪歪的。母亲的一腔爱，却都洒在姐姐身上。穿的，尽着姐姐穿。他读初中了，还穿姐姐穿剩下的毛衣——大红的女式毛衣，远远就看得见，一团火似的。当时他们正学到一首杜牧的诗："一骑红尘妃子笑，无人知是荔枝来。"老师在课堂上讲到杨贵妃，说杨贵妃喜欢着红装，很是艳丽。同学们的目光，便齐刷刷地落到他身上，从此，"贵妃娘娘"的绰号就叫开了。

　　他回家冲着母亲哭，再不肯穿那件大红毛衣。母亲只淡淡看他一眼，说，能保暖就行，讲究那么多做什么？隔天，却给姐姐买了一件漂亮的棉外套。

　　吃的，也是尽着姐姐吃。那个时候，还小吧，母亲给姐姐蒸了一碗鸡蛋羹。物质匮乏的家里，一碗鸡蛋羹，是他小小的脑袋里，能想象出的最好吃的食物。他跟在母亲身后，小声说，妈，我也要吃。母亲转身看他一眼，说，姐姐病了，你又没生病。

那个时候，他最大的愿望，是生一场病，下雨天，他故意淋雨，落荡鸡似地的回家。他真的发烧了，脸烧得通红通红的，头脑昏昏沉沉。他很高兴地把滚烫的小手伸向母亲，说，妈，我生病了。母亲摸摸他的额头，给他泡一杯生姜水灌下去，拿被子捂紧他，出一身的汗。第二天清早，他悲哀地发现，他的烧退了，他没有吃成鸡蛋羹。

是发过誓的，有朝一日他要把鸡蛋吃够。他发奋读书，一路把自己读到名牌大学去了。毕业之后，他留在了大城市，把美食吃尽，曾经的不堪被他远远甩到身后去了。而姐姐，书只念到初中便念不下去了。回到家里，母亲养着她。

他极少跟母亲联系，倒是母亲常常打电话来，每次都是说姐姐怎样怎样。一次，母亲讷讷半天，跟他提出要钱——数目不小。他问，做什么用？母亲说，我想给你姐开家小店，卖卖小杂货什么的，也好让她日后有个依靠。他的心立即被什么堵住了，这么些年过去了，母亲竟还是偏心的。他什么话也没回，默默挂了母亲的电话。

两个星期后，他突然接到姐姐的电话，电话里姐姐哭着说，弟弟呀，妈不行了。

医院里，母亲面色惨白地躺在病床上，癌症晚期。他平生第一次，紧紧握住母亲的手，母亲的手骨瘦如柴。

深夜，母亲在一阵剧烈疼痛后，平息下来。拉着他的手，目光久久落在他的脸上，母亲流下了泪，母亲说，这些年苦了你。也是到这个时候，他才得知，当年，姐姐还在婴儿时患了脑膜炎，因就医不及时，留下了后遗症，母亲为此一直内疚着。

他让母亲安心，他说他会照顾姐姐的。母亲在听到他这句话后，微笑地闭上了眼睛。

他料理完母亲的后事，接姐姐去城里。老家的房子他给处理了，屋里的东西全部散尽，姐姐却偏要把一个香炉和几把香带走。他解释，城里不兴这个的。姐姐固执，不，妈以前天天都帮你给菩萨敬香，要菩萨保佑你平安的。姐姐说，我以后也要每天帮你给菩萨敬香。他一下子愣住了，原来，母亲的爱，一直都在默默保佑着他。

母爱不说话。

（丁立梅）

你是这个世界的孩子

　　孩子和世界是这么一种关系：孩子是世界的孩子，世界终将是孩子的世界。在这，我想和我的孩子谈淡这个让她充满疑问的世界。

　　我们身处的这个世界无穷奇妙，大至无穷，小亦无穷。浩瀚宇宙之大，已然超过我们的感知和触及的范围，只能靠想象。科学家说，宇宙之外，还有很多类似宇宙空间的存在。换个角度看世界，它又无穷小，怎么说呢，就像一张纸片对半撕，理论上可以无休无止地永远撕下去。

　　我们就生活在这样一个大与小均无穷的世界。大至遥远星系，小到原子微粒，这个世界自有一套亘古不变的运行规律，朝着自己的方向不紧不慢地运转，依着自己的节奏不慌不忙行进。世上万物，均有合乎天伦的法则，春花秋月夏风冬雪，狼狮虎豹，稻麦粱秫，应天而生，依势而去。水往低处流，树往高处长。花争艳引蝶，虫嘶鸣招亲。月缺会再盈，水满则会溢。日出东边西方落，种萌春天秋挂果。仿佛有一双巨大且无形的手，指挥着，推动着，世界万物在各自的轨道上逍遥游，生生灭灭，自自然然。

作为生活于世的人，首先要处理好和世界的关系，顺应自然；然后要处理好和人的关系，与人有竞争更要合作，在孤独中享受温暖，在热闹中保持清醒。老人言：无人的地方不去，人多的地方不留。理顺与世界和人之间的关系，最后，要处理好和自己内心的关系，以律人之心律己，以恕己之心恕人，永葆一颗简单的心。

世界是简单的，复杂的是人。人的复杂在于欲望。从某个方面来说，欲望是人类文明不可或缺的推手，是促进世界发展绵绵不绝的动力。然而，当欲望没了止境，操控世界的那双无形的手便遭受人为的干涉，世界就朝着不规则的方向痛苦地滑行。

人心复杂，世界就不太平。越来越多的人让越来越多的生物消失了。世界矛盾如乌云压城，人与人之间，族与族之间，国与国之间，纷争四起，战乱不休，资源越来越少了，二氧化碳无节制地排放，致使这个世界气候变化异常，气温上升，危机四伏。

亲爱的孩子，说到这里，你若问我，世界会好起来吗？我的回答是，世界一定会好起来的，就像梁漱溟先生说的那样"我相信，世界是一天一天往好里去的"。这是恒定的明朗的方向。未来世界终会明媚如春光，灿烂似骄阳。

世界如何朝好的方向迈进呢？亲爱的孩子，你还记得幼儿园里常放的那首名叫《四海一家》（1985年由美国流行之王迈克尔·杰克逊作词，并由他和莱昂纳尔·里奇共同谱曲，由美国45位歌星联合演唱，风靡全球）的歌吗？我想答案就藏在这歌词里面——让我们

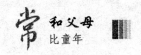

开始奉献自己／我们正在做的抉择／是在拯救自己的生命／我们真的可以创造更美好的明天／就靠你和我。

亲爱的孩子，天赐的世界，需要我们携手共同拯救。美好的明天，需要大人孩子一同创造。我们赖以生存的世界，只有一个，我们别无选择，唯有秉持呵护之心，怀揣疼爱之心，这个世界才会一如既往地简单，一样温和敦厚地对待我们！

（陈志宏）

爱的阳光

　　十岁时，我随父亲进城。父亲在一个工地干活，我则在附近一所学校借读。八月底的一天，我带着学费去报名，老师告诉我要另外交500块钱借读费，而我只带够了学费。我走到学校门口用公用电话把这个情况告诉了父亲。父亲接到电话立刻说："你等一下，我马上过来。"我站在校门口等待。不一会儿，我就看到父亲吃力地蹬着自行车，冲上了校园前的一段坡路。

　　烈日当空，我看见父亲衬衣的前胸已经湿透了。他从车上跳下来，从裤兜里掏出几张湿漉漉的百元钞票，用手擦擦额头上的汗珠说："这个月的工钱还没结，我这是找老张借的500块钱，你拿去交给老师吧，我还得回工地去干活。"说完，他骑着自行车很快消失在路口的转角，望着在烈日下急匆匆离去的背影，听着留在我耳边"吱吱呀呀"的自行车声音，我流下了眼泪。

　　父亲的背影让我感觉那天的阳光很暖，让我感到更暖的是父亲那颗爱子之心。

　　上初中后，我在学校寄宿。一天中午，我正在宿舍看书。突然间听到父亲在楼下喊我。我扔下书，跑下楼。

父亲把自行车停在花坛边，看见我来了，神采奕奕地说："今天帮老板搬桌子上七楼，他送给我两瓶冰冻饮料，我没舍得喝，给你送过来了。你尝尝是啥味道。"说完，父亲从破旧的自行车车筐中拿出了两瓶饮料递给我。一瓶是绿茶，一瓶是橙汁。我接过拿在手里，发现冰饮已经变成热的了。父亲的脸在太阳的暴晒下也变得通红。

看着父亲一脸的沧桑，一种酸楚的感觉在我的心间弥漫着。那天天气炎热，父亲汗流浃背地骑着自行车，走了几公里的路，从工地到学校送给我喝——冷饮变成了热饮。

我执意要拉父亲到宿舍洗个脸再走，父亲摆了摆手说："不了，我浑身都是灰，还是不去你们宿舍好，同学们看见了……再说下午还要上工呢！"说完，父亲转身推车走出了校园。

我站在花坛的香椿树下，看着远去的父亲，眼泪又掉了下来。

阳光下父亲的背影是那样高大。父亲，一个普通的工人，一个平凡的男人，他让我明白了什么是阳光心态，什么是阳光生活。是默默无闻的父亲，教会了我收藏爱的阳光：爱的阳光是亲情、是博爱，是一切值得我们喜欢的人和事。

（王　博）

爱的晴空

有一次，看中央气象台的天气预报节目，气象员还没开始介绍各地的天气情况，老妈就指着卫星云图说开了："看见没，照这样的速度推移，再有一星期你工作的沈阳肯定有大风降温。等下你回沈阳的时候多带些厚实点的衣服，别弄得措手不及的。"

我撇嘴："妈，你以为你是神仙啊！可以像孙悟空一样呼风唤雨？人家气象员都没说有大风降温，你看外面风和日丽的。"

妈说："不听老人言吃亏在眼前，出门在外有准备总比没准备强，没听说天有不测风云吗？"

爸说："你还别不信，你妈不光是神仙，还是老神仙呢！我都老服了，天气预报比气象台还准。人家气象员管全国的天气，你妈只管有她闺女的地方是什么天气。"

后来在妈的软磨硬泡之下，终于带上两件厚实的秋装回沈阳。随后的几天里真是秋高气爽的，便把此事忘却。没想到过了一星期真有大风降温光顾沈阳，而且还下了小小的初霜。室友们冻得龇牙咧嘴不想出门却又不得不出门。只有我从容不迫的拿出妈妈给我带的厚秋装穿上。邻床的几个姐妹抢夺剩下的那件秋装不亦乐乎。我有点儿小得意，为自己有一个未卜先知的妈妈心里美得不行。

再回家和父母聊天时说起此事，妈没说什么，爸说："哎，你妈哪是什么神仙，那不就是你那阵子上学、工作东奔西走的，今天上海南，明天下新疆的，你妈怕她闺女冻着、冷着、热着，就天天的看着天气预报，才练就的这一身"本事"嘛！"

想想真是，我在外面上学工作真的从没有感觉冷过、热过、冻过，应季的衣服总在我最需要的时候送到我身边，而我以为那只是一种巧合，就像春天要下雨，冬天要下雪一样的自然而然。

爸爸还吃点儿小醋："你说你妈多偏心的一个老太婆啊！我让她给我买一双软乎点儿的拖鞋，这都三星期了也没有理我这茬啊！"

突然间我就泪奔了，世界上哪有什么神仙，只有母爱能预知风雨，风雨来临之前就替我们撑起一片爱的晴空。这些年我在外闯荡，也不知道牵着妈妈的心走过了多少个千里万里，多少次风风雨雨。这份隐形的爱陪我由南至北走过，而我今天才知道！

（一两琴音）

汤为一生　面为一世

　　他是医生，她是护士。在走廊上，他查完房，拿着听诊器往值班室走。她端着药品去病房，要给病人输液、量体温。那是早上，阳光从走廊的窗户里射进来，两米宽的走廊里都是阳光，他走在阳光里，她迎面走在他的影子里。

　　病房的医生和护士很多，他们要一个星期才能排到一起值班。一起值班的时候，他们的话也不多。他总是在病房间来去匆匆，一耗几个小时。再然后就是在值班室里认真写病历，第二天要交班。她的话也不多，每次都把水烧好，给他泡茶。

　　那天，正好他和她值班，急诊送来一个病人，一位六十多岁的老太太，急性心肌梗死，并发高血压。他们实施心肺复苏抢救，但最终没有挽回病人的生命。病人的家属恼怒，取闹说没有及时抢救，人群中一个高个子的男人上去对他就是一拳。顿时，他的眼镜成了碎片，额头的血顺着脸往下流。另外一个医生和几个护士吓得尖叫着往后退，她一把把他推到身后，左手举起一把手术刀，右手举起一把剪子，叫道：都别乱来。

　　嚣张的人群被震慑了，她用一米六的个子保护着他，灯光从背后照过来，她依旧站在他的影子里。然后院方赶到，她把他搀进休息室，慌忙地倒了一盆热水，清洗淤血，用酒精消毒，包扎，然后把被褥铺好，让他躺下休息。

　　他像个孩子一样乖乖躺下。由于劳累和失血，他的脸色苍白。她坐在床边，看着他，看着看着，她突然哭了。她心疼。

　　他一把抱过她，搂在怀里，濡湿的气息压在她的唇间。

　　没人同意她的选择。他家里一贫如洗，更重要的是，他家在东北，听说来医院只是暂时做跳板，迟早要走的。她工作稳定，父母都是干部，家里条件优越，说亲的人络绎不绝，嫁入当地的富家没有问题。可是，就在十七岁这年，她义无反顾地爱上他，不顾父母的劝阻。

　　他身子弱，喝汤最滋补。她开始炖汤给他喝，山药鸡汤、排骨莲藕汤、鲍菇鲫鱼汤……从不做饭的她系上围裙，开始恋上了炖汤。咸汤、甜汤，一口一口尝下去，全是爱情的味道。更多时候，是做面。他胃不好，最爱吃西红柿鸡蛋面。他说自从娘死后，就没有人给他做过。她听得心里疼，就每天做一碗面，然后提着饭盒送到他的宿舍。市内的西红柿不好，她就骑着车子，到十几里外的农家那儿去买新鲜的。路不好，泥土小路，坑坑洼洼，冬天的风大，回来手冻得红肿，鞋子上满是灰尘，包里的西红柿掏出来却鲜嫩如初。

　　他充满幸福而又诚惶诚恐，对她发誓说，有一天我飞黄腾达了，一定给你最好的生活。

她说，你给我做一辈子的面的时间就行。

有时，她下夜班，他送她回家。深夜的街上无人，他们一前一后地走，路灯把他的影子拖得好长，她就走在他的影子里。那是她感到最安全的一种状态。

一辈子走在他的影子里，是她认为最幸福的事情。

远在东北的父亲生病，没有钱。她把母亲给她的戒指卖了，凑够了费用。他感激地说，等我挣钱了，我会给你买一枚最大的，婚礼上亲自给你戴上，让你做全城最幸福的新娘。

没有钱，他送给她五块钱一条的裙子，她喜欢得不得了。

父母把她关起来，下了最后通牒，分开，一定要分开，父亲怒吼。她以死抗拒，被关在家里近一个月。

从家里逃了出来，去找他，他正在准备出国读博的资料。他抓住她的手，把一块青色的如意石，放在她的手心。你要等我，我一定会让你过上好日子。

她说，我等着继续给你做面。他热烈的唇压住她的唇，连同取走了她的初夜。

那时他并不知道，西红柿鸡蛋面的味道，就是他们爱情的氧气。

一去要三年，不能回国。那时通信还不发达，没有手机，无音无信让守护的日子显得尤其漫长。许多人都说他黄鹤一去不复返，国内的例子多着呢，读研了，攀高了，分开了。更有消息说，他在国外谈了一个朋友，也是留学生，富商之女。好心说给她听，她笑笑，当做没听见。

真正的慌乱无措是在她发现自己怀孕了之后，父母和她断绝关系，没人帮她。打电话给他，打过去，同事说他去非洲援建了。她向人询问他去的那个地方，一问，吓一跳，那个地方正在流行一场瘟疫，更可怕的是正发生着暴乱，死了不少人，国际派去了大批的医疗救援队，他是其中一位。她心里突突跳，跑到附近的山寺替他烧香祈祷平安，昼夜担心。

不能让他担心，她就只能一个人等。可是肚子不等啊，一天大一天，亲戚朋友都劝她把孩子打掉。母亲闻讯赶到她的出租房，跪在地上求她，她也跪在地上求母亲，固执坚持。说，那是他们爱情的结晶。

三年，孩子两岁多。他回来了，同所有俗气的故事一样，是携着一位女子回来。女子妖艳，是她所不及的。

他创办了一家医药公司，生意红火。给她五十万，足够她和孩子过一辈子。

妖艳女子进来倒水，目光咄咄逼人。说，嫂子，别告他，好歹夫妻一场，大家日子都不好过。

我们爱过。她说。

只四个字，旧事只字未提。仅仅爱过，就足以赦免一个男人对她所有的伤害。她把钱轻轻地又放回男人的手上，只带着那块如意石走了。第二天，她辞了职，带着孩子换了单位。

好心人劝她，把孩子送人，她还年轻，才21岁，可以嫁到好人家。

她说，他还会回到她身边。那女子她见过，说他们不会长久。

他在城南，她在城北。他生意红火，和美艳的女子住豪华的房子，欧式的别墅，开昂贵的车。为博美人一笑，陪那女子在商场买衣服，全是国际品牌的，几千几万的，穿过一次就扔掉，流水一般，他心里有微微的疼。便想起她，想起五元买的裙子，她像宝贝一样珍惜。他觉得负了她，负了她的青春好时光。

再奢华的生活也抵不过身体的疼痛。胃时常疼，尤其在冬天，才想起，已经很久没有吃那养胃的西红柿鸡蛋面了。那女子不会做面，她习惯蹬着高跟鞋去装饰精美的馆子里。

恍若旧年，已记不起旧人。

再知道他的消息已是七年后，男人出了问题，女子卷了公司的钱财到了国外，他一夜之间穷困潦倒。男人病倒时，床前没有一个人。她听说了，做了一碗西红柿鸡蛋面，送过去。

一日相恋，十年恩情。何况，她还有他的骨肉。

吃了，疼痛的胃立马就暖和多了，胃痛也渐渐消失。冬天的夜晚，他端着那碗面哭了。这些年他和脂粉女子山珍海味、花天酒地，但那女子没有给他做过一碗面，也不愿意穿五元一条的裙子，更没有给过他踏实的爱情。只有她让他明白，真正的爱情，是粗茶淡饭哪。

她起身要走了，他说，能给我做一辈子的面吗?

她问："为什么十年后才说这句话?"

他说："因为我用十年的时间，才明白一碗面的爱情才是幸福的。"

大雪纷飞，他站在她的背后，灯光将他的影子映在雪地上，将她完全包裹。那一刻，她泪如飞雪。

（杜靓波）

爱是岁月的标点

1岁，你呱呱坠地，来到这个多彩的世界。而她却经历着一生中最大的阵痛，你成为她生命的一部分，她咬紧牙关，可以忍受一切苦痛。

3岁，你整晚的哭闹，她拥你入怀，夜不能寐。她半夜起来给你换尿布、喂奶，从没睡过一个安稳觉。你跟跄学步，她伸出双手，生怕你磕着碰着。你喊出了第一声妈妈，她高兴得泪流满面。

7岁，你背上新书包高高兴兴去上学，每天她都早早起床，为你做好了早饭。放学回家的路上，总会有她瞭望的身影。

11岁，你淘气地打碎了邻居家的玻璃，你害怕地躲了起来，她一遍遍喊着你的名字，拉着你去上门道歉。

15岁，她让你去剪了长发，你却说她落伍老土。你和同伴在外面疯玩，她坐在电话旁静静地等着你的电话，你一到家，她就给你端上热腾腾的饭菜。

18岁，您考上了大学，她脸上整天挂着笑容。然而你报到离家的那一天，她唠叨了一晚，转过身偷偷地抹泪。想你的时候，就拿出你所有照片，从小看到大。

22岁，你毕业后走上工作岗位，她给你打电话嘘寒问暖，而你却总是不耐烦。可是她每打一个电话都犹豫着，生怕影响你的工作。

30岁，你结婚了，她拿出全部的积蓄帮你买房。你有了孩子，又成了她心头的殷殷牵挂。

十月胎恩重，三生报答轻。母恩深似海，不论时光如何奔流，关于母爱的一些细节历历在目。

（吕清明）

顽固的爱

天气暖和了，将远在家乡的岳父母接过来和我们小住。

白天，我们都不在家，留下岳父母两个人，孤独地守在家里。只有到了晚上，我们才能回家，一大家人其乐融融地围坐在一起，吃个晚饭，陪二老说说话。

对岳父母来说，快乐的一天，也许是从这一刻开始的。

我们回到家，热腾腾的饭菜已经在桌上摆好了，岳母端起饭碗，看看，然后毫不犹豫地将碗凑到岳父的碗前，扒拉下一小半。岳父无奈地摇着头。

每次吃饭的时候，都是这样，这似乎成了一道程序。岳母总会嫌岳父给她盛的饭多了，非得将多出来的饭扒拉到岳父的碗里不可。而每次岳母往岳父碗里扒拉米饭的时候，岳父都是一脸无奈，不停地阻止：差不多了，差不多了。

每次都一样。有一天，我终于忍不住了，对岳父说，妈吃饭少，您下次就给她少盛一点儿，免得她每次都要扒拉给你。

岳父叹口气，我给她盛的饭并不多呀。你盛得再少，她都会扒拉给我一点儿。所以，我干脆每次都给她多盛一点点。你妈呀，这是老毛病了。

老毛病？什么意思？

岳父抬起头，慢慢地回忆说，我们年轻的时候，孩子多，粮食不够吃。孩子们正长身体，胃口很大，必须得让他们都吃饱。那时候，我的饭量也特别大，你妈怕我吃不饱，所以每次吃饭的时候，都会往我碗里扒拉一点儿米饭。我知道，其实你妈自己也吃不饱哇。我当然不同意，可是，你妈脾气很倔强，要做的事情就一定要做到。久而久之，就养成这个习惯了，每次吃饭的时候，无论碗里饭多饭少，她都要扒拉给我一点儿。后来，生活条件慢慢好了，你妈这习惯才逐渐改掉了。没想到，现在老了，她的老毛病倒又犯了。

我和妻子结婚这么多年，还是第一次听说这个故事。我羡慕地对岳父说，妈对你真好！

而岳母却说，别听你们爸爸瞎说，情况是这样的。岳母说起了她的版本：年轻的时候，我的身材很好，非常苗条，可你们爸爸却嫌我太瘦，所以，每次吃饭的时候，都会给我盛得满满的，想我吃得胖些，我才不上他的当呢。你们爸爸给我盛的饭，我都会坚决地给他扒拉回去一点儿。现在，我都得糖尿病了，他还让我吃这么多，我当然又要给他扒拉回去……

老两口你一言我一语，各不相让，"吵"得不可开交。不过，我们听出来了，这个顽固的习惯，那是源于对彼此顽固的爱呀。

我所了解的，饭桌上他们还有很多顽固的习惯——

每次吃饭的时候，他们都会顽固地将最好吃、最新鲜的菜，放在我们的面前；他们顽固地喜欢吃鱼头、鸡头、鸭屁股。

剩饭剩菜他们从来都舍不得倒掉，也绝不会让我们吃，而是第二天中午，他们老两口消灭掉。

每一个顽固的习惯，都是缘于他们顽固的爱。

（麦 父）

永远的父亲

　　离家的时间定在下午4点，2点来了朋友，于是去隔壁借邻居的屋子说话。待把朋友送走，已经到了出发时间。惊觉还没有和父亲道别，回到家里提行李，父亲却先下了楼。于是我们拿起背包行囊便走。小阿姨说，爷爷2点钟就起来了，一直坐在那里。

　　父亲的身影在大操场上摇摇晃晃，我的孩子上前挽住父亲的手，孩子已经比父亲高出一个头，两个人的背影，一个年轻，一个老迈；一个纤瘦，一个宽厚。

　　出了校门，下坡便是大马路，一辆出租车停下等我们。父亲说我不下去了，孩子说爷爷再见。父亲好像还有点笑模样，站在坡上一动不动。我们钻进车里，小车开走，父亲还站着……

　　15年了，这样一次次送走我们。父亲身边已经没有了和他牵手的母亲，父亲已经步履不稳，父亲白天也合眼睡眠，醒来时上个厕所，又蜷缩不动了。我想起一句熟悉的话：等蓝色沉入黑暗。父亲勉强下楼，走了对他来说不短的路送我们。我好怕父亲想到我心里想到的，而我心里想到的父亲一定想得到。时间和车速隔开我们，越来越远，我从未流泪离家，这是第一次。

父亲曾经多么强健啊！二十多年前，我从农村抽出来上大学，学校在农村，我回到家里，转身又打背包去上学。父亲送我，送到城里的长途汽车站。父亲很高兴，他拥有一辆三轮，这辆三轮是学校里采购专用的车，父亲蹬着三轮，让我坐在车后的铁架上，车上放着我的背包、网袋、洗脸盆等。父亲用力踩车，从城郊的一角，一直穿过市中心的大桥。那是横跨长江的大桥。秋天了，两边山坡上叶子开始发红，开始飘落到路上；而清晨的电车挂着两条辫子，哐啷哐啷驶过。那时，城市很破，人们很穷。一些男孩在上桥的地方等着满载的板车，准备着帮忙推一把，挣一毛钱。父亲上桥的时候背向前倾，成一个大斜角。他说他常走这条路，他是采购，他给学校拉玻璃，拉校办工厂的机床，就要走这条路。

那时我也年轻。我说到了，我把背包背起来，提起网兜。我说不用送，我自己走，前面都是我的新同学。父亲说走什么走，等我踩过去。父亲不知道，我有点心事。我父亲戴着眼镜，头发整齐地向后梳，是无可掩饰的"臭老九"。早些时，我不愿意解释父亲怎么给剃了光头，现在，我不愿意解释他怎么改行蹬上了三轮。

多年以后，我给大一学生讲朱自清先生的《背影》，学生中学时就学过这篇课文，读着都无所动。我说，请你们告诉我，在你们上大学时，父亲怎么送你们的？你记忆里，印象最深的父亲的样子是什么？点名请一个女生回答，那孩子红着脸站着，很是忐忑，不连贯地说：父亲不爱说话，喜欢抽烟，记得，记得，他在门口搓麻绳。再点一个男生的名，男孩说，父亲没有送我，家里困难，竟是说不下去。教室里静下来，都是些刚离家的孩子，低着头不看我。

我讲到我父亲的背影，我上研究生后回城，夏天，父亲上宿舍楼来找我，肩上扛了几根竹竿，怕我挂蚊帐没有帐竿子。那时，父亲已经恢复了教职，上课很忙。抽个中午不睡觉，骑自行车跑半个城，给我送。父亲的形象总是这样，如果他衣着笔挺，便可叫仪表堂堂。那年头工资低，父亲历来都说吃饱肚子第一要紧，穿都是给别人看的，从不添置新衣。父亲蹬着一双跑采购的解放鞋，身上是黄迹斑斑的旧汗衫，他肩扛长竹竿，文不文武不武的样子。当时的我，多么想让父亲仪表堂堂，而把帐子撑起来的帐竿却是可有可无的。多年以后，我去问我的学生，为什么朱自清笔下的父亲笨手笨脚爬过月台给"我"买橘子，让"我"特别难忘呢？为什么是这种不好看的样子、是他那笨拙的、不灵便又不体面的举止构成了父亲的形象？作者为什么要写父亲的背影，而不写父亲正面的容貌呢？

回家的时候想着，要陪父亲说说话。而陪父亲坐着，却是无话可说。父亲一天里只是说两个字：头晕。还是那个毛病。父亲说他去检查了，是脑萎缩。他说，如果不头晕，我还可以看书。我觉得父亲很紧张，他怕他不能动了，要拖累儿女。他怕半身不遂，瘫痪，卧床不起。而在他的周围，那些老同事，一个个被疾病纠缠着。楼下的老师已经脑昏迷，用尽了儿子们的钱；另一位老朋友癌症开刀，事后又说开错了，正等着把改道的肠胃口子堵回去；教研室的同事肺切除了……父亲说，老了，不好，日子，难过。我想说，爸爸，不要太紧张了。可我说不出口，父亲的病痛，我体会不到，我想安慰父亲，又怕说出的话不合适。

回想和父亲长谈的日子，竟是很久以前了。少年时代，学校里批斗父亲，让我去参加批斗会。我翻着抄大字报的笔记本，一条条问父亲那些罪行是怎么回事。父亲一五一十地告诉我战乱年代流浪的经历，说到后来，我无话可问。年复一年，全家只盼望四个字：落实政策。后来我下乡了，老也抽不上来。父亲知道是因为他的问题，越发狠狠改造，摇动拖拉机时被摇把打断手指，从此那根指头短了一截，冬天肿成胡萝卜。有一年回家，父亲让我去给校长拜年，我说，我跟他不熟。他又不是我的校长，我才不去求他。父亲恨我不懂事，怒道：我为什么拼命，你知不知道！上头来外调，他一句话你就回来了。我去到校长家，一肚子委屈，觉得自己和父亲又傻又可怜。

而最后一次和父亲深谈，是两年前，母亲去世后几天。那日，我在家里清东西，父亲走来走去，欲言又止。我说，妈妈的旧衣服，让小阿姨带回去吧。父亲急得不行，颤抖着手，从母亲的针线抽屉里拉出个东西，说，你看看，你看看，这是什么？你小时候穿过的虎头鞋，妈妈一直都留着，你你，不要动妈妈的东西！当晚，父亲跟我们交代：妈妈的骨灰，就放在家里。我死了后，随便你们怎么处理。两年了，父亲有时搬到弟弟家住，母亲的骨灰，也跟他一起。在靠床的桌上，母亲的彩色照片和花瓶遮住了后面红绸包裹的盒子。

我羡慕有的家庭，可以谈论逝去的亲人，可以交流；而我很难和父亲谈及母亲。父亲有一阵很容易流泪，医生说这是脑神经出问题的一种症状，不能控制自己的感情。因为这个，也因为父亲的沉默和克制，我们便再不交流。在分离的日子，我想过，也许父亲应该再有个老伴。有一次，父亲说到，过去的同事来坐，文革中他们在一个教研组，是学校里唯一被剃了阴阳头的女老师，现在也孀居。我试着提了一句，父亲立即打断我：瞎扯。父亲信佛，在母亲的生日和忌日，他独自去寺中上香。母亲过世一百天时，弟弟和父亲一起去那里请僧人为母亲做了一场法事。弟妹告诉我，爸爸要去拈香，弟弟没让。幸亏是弟弟拈的，由拈香者代亲人给母亲磕头，弟弟磕了80个头。

我想，母亲在天之灵会觉得安慰的。父亲呵护母亲一生，母亲永远拥有父亲。这种老辈子人的情感，令人望尘莫及。我好想告诉父亲一句话，我好想，就像对我最爱的人一样，对父亲敞开心灵，张开手臂。但这些成年后一直没有做过的事，仿佛永远都不会发生。我和父亲，在看不见的远方默祷，在无人的角落抹干眼泪。我渴望下一个假期，我们依然坐在一起，父亲慢慢地吞药，我把水杯递到他手中。我们一直没有说出的那个字，静静的如同空气，无声无影，可感可触。

（罗　克）

起身的饺子　落身的面

　　起身的饺子落身的面。这风俗令我幸福和忧伤。

　　年轻的父亲是一位石匠。石匠的概念在于健康并且强韧的身体，单调并且超负荷的劳动。石匠只与脚下的石头与手中的铁器有关，同样冷冷冰冰，让秋天的双手，裂出一道道纵横交错的血口。每个星期父亲都会回来一次，骑一辆旧金鹿自行车，车至村头，铃铛便清脆地响起了。我跑到村头迎接，拖两把鼻涕，光亮的脑瓢在黄昏里闪出蓝紫色的光芒。父亲不下车，只一条腿支地，侧身，弯腰，我便骑上他的臂弯。父亲将我抱上前梁，说，走咧！然后，一路铃声欢畅。

　　那时的母亲，正在灶间忙碌。年轻的母亲头发乌黑，面色红润。鸡蛋在锅沿上磕出美妙的声响，小葱碧绿，木耳柔润，爆酱的香气令人垂涎。那自然是面。纯正的胶东打卤面，母亲的手艺令村人羡慕。那天的晚饭自然温情并且豪迈，那时的父亲，可以干掉四海碗。

　　起身的饺子落身的面。父亲在家住上一天，就该起程了。可是我很少看见父亲起程。每一次，他离开，都是披星戴月。

　　总在睡梦里听见母亲下床的声音。那声音轻柔舒缓，母亲的贤惠，与生俱来。母亲和好面，剁好馅，然后，擀面杖在厚实的面板上，辗转出岁月的安然与宁静。再然后是拉动风箱的声音，饺子下锅的声音，父亲下床的声音，两个人小声说话的声音，满屋子水汽，迷迷茫茫。父亲就在水汽里上路，自行车后架上，驮着他心爱的二十多公斤的开山锤，父亲干了近30年石匠，回家、进山、再回家，再进山，两点一线，1500多次反复，母亲从未怠慢。起身，饺子；落身，面。一刀子一剪子，扎扎实实。即使那些最难熬的时日，母亲也不敢马虎。除去饺子和面的时日，一家人，分散在不同的地点，啃着窝头和咸菜。

　　父亲年纪大了，再也挥不动开山锤，而我，却开始离家了。那时我的声音开始变粗，脖子上长出喉结，见到安静的穿着鹅黄色毛衣的女孩，心就会怦怦跳个不停。学校在离家一百多里的乡下，我骑着父亲笨重而结实的自行车，逢周末回家。

　　迎接我的，同样是热气腾腾的面。正宗的胶东打卤面，盖了蛋花、葱花、木耳、虾仁、肉丝，绿油油的蔬菜，油花如同琥珀。学校里伙食很差，母亲的面，便成为一种奢求。好在有星期天。好在有家。好在有母亲。

　　返校前，自然是一顿饺子。晶莹剔透的饺子皮，香喷喷的大馅，一根大葱，几瓣酱蒜，一碟醋，一杯热茶，猫儿幸福地趴在桌底。我狼吞虎咽，将饺子吃出惊天动地的声音——那声音令母亲心安。

　　然后，毕业，我来到城市。那是最为艰难的几年，工作和一日三餐，都没有着落。当我饿得受不住，就会找个借口回家，然后在家里住上一阵子，一段时间以后，当认为伤疤已经长好，便再一次回到城市，再一次衣食无着——城市顽固地拒绝着一个来自乡村的只有职高文化的腼腆的单纯的孩子——城市不近人情，高楼大厦令我恐惧并且向往。

　　回家，坐在门槛上抽烟，看母亲认真地煮面。母亲是从我迈进家门的那一刻开始忙碌的，她将一直忙碌到我再一次离开家门。几天时间里她会不停地烙饼，她会在饼里放上糖，放上鸡蛋，放上葱花，放上咸肉，然后在饼面上沾上芝麻，印出美丽的花纹。那些烙饼是我回到城市的一日三餐，母亲深知城市并不像我描述的那么美好。可是她从来不问，母亲把她的爱和责任，全都变成了饺子、烙饼和面。母亲看着我吃，沉默。沉默的母亲变得苍老，我知道这苍老，全因了我。

　　起身的饺子落身的面，我真的不知道这样的风俗因何而来。也许，饺子属于"硬"食的一种吧？不仅好吃，而且耐饥，较适合吃完以后赶远路；而面，则属于"软"食的一种吧？不仅好吃，而且易于消化，较适合吃完以后睡觉或者休息。一次说给母亲听，母亲却说，这该是一种祝愿吧！"饺子"，交好运的意思；而"面"，意在长长久久。出门，交好运：回家，长长久久，很好的寓意。再图个什么呢？

想想母亲的话，该是有些道理的。平凡的人们，再图个什么？出门平安，回家长久，足够了。

然而母亲很少出门，自然，她没有机会吃到我们为她准备的"起身的饺子落身的面"。可是那一次，母亲要去县城看望重病的姑姑——本计划一家人同去的，可是因了秋收，母亲只好独行。头天晚上，我和父亲商量好。第二天一早会为母亲准备一盘饺子，可是当我们醒来，母亲早已坐上了通往县城的汽车。

头一天晚上，我几乎彻夜未眠。我怕不能够按时醒来，我怕母亲吃不到"起身的饺子"。然而我还是没能按时醒来，似乎刚打一个盹儿，天就亮了。可是，父亲的那些年月，我的那些年月，母亲却从来未曾忘记未曾耽误哪怕一次"起身的饺子"。很多时候，我想母亲已经超越了一个母亲的能力，她变成一尊神，将我和父亲守护。

然而她却是空着肚子走出家门的。家里有她伺候了大半辈子的儿子和丈夫，却无人为她煮上一碗饺子。

起身的饺子落身的面。这习俗让我忧伤并且难堪。

母亲是在三天后回来的。归来的母亲，疲惫异常；我发现她真的老了，这老在于她的神态，在于她的动作，而绝非半头的白发和佝偻的身体。走到院子里，母亲就笑了——她闻到了蛋花的香味，小葱的香味，木耳的香味，虾仁的香味——她闻到了"落身的面"。那笑，让母亲暂时变得年轻。

母亲吃得很安静，很郑重。吃完一小碗，她抬起头，看看我和父亲。母亲说，挺好吃。

三个字，一句话，足够母亲和我们幸福并珍惜一生。

（周海亮）

孝，中华之古道

  "孝"乃中华之古道，已倡导数千年。

  "孝"的界定，在于善事父母，而善事父母，重在老年。如今，物质大大丰富，人们生活水平提高了，应该说是有了更为丰富的尽"孝道"的物质基础。然而，不孝之事在我们周围常常都能看到，不孝案件新闻媒体亦时有披露。儿孙满堂的老人，无人赡养，被踢来踢去。老人有的诉诸公堂，有的吊死在不孝儿孙的家门，有的冻饿在街头。这类典型案件当然只是极少数，但是，有资料证明，全国相当一批老人，尤其许多农村老人（并非"五保户"），其晚年的生活令人大为不安。老人失去劳动能力后，连吃饭穿衣都成问题；一旦有病，床边连个人影儿也看不到。有些老人备受儿媳白眼和儿子虐待，如履薄冰般苦度时日。这不能不说是一种悲哀。

  "积谷防饥，养儿防老，"这句古人留下来的老话，在社会福利和社会救济事业尚未高度发达和完善的今天，还是有其现实意义的。讲"孝道"，讲亲情，其实也是在从事治理国家的政治大事。在大力提倡"讲政治"、重视道德建设的今天，"孝"还是要大讲特讲，因为让老人安度晚年，也是社会主义精神文明的重要标志。

　　"孝"的要旨何在？孟子讲了四个字"养生丧死"，译解出来，就是养老送终。可见，重视养老，正是中国历来言孝的最为可取之处。作为儿女，对自己的老人还是要尽"养老送终"义务的。父母壮旺时，无需他人照顾，反要照料儿女；待父母老了，诸多不便了，儿女自当反哺，竭尽孝道。不仅当照管父母的饮食衣着起居，还应抚慰人老以后心灵的岑寂和孤独。事实上，民间伦理讲"孝道"，把"孝"和"顺"合为"孝顺"，概括得很好。"孝"这个字，讲了照顾起居；"顺"这个字，则讲了抚慰心灵。孔子当年更是言之鞭辟入里："今之孝者，是谓能养。至于犬马，皆能有养；不敬，何以别乎？"是啊，即使是满足了老人的吃、喝、穿，还不能算是尽了"孝"，还须尊敬老人，尽量满足老人精神方面的需求，让老人心里高兴。不然，又何异于养"犬马"呢？

　　乌鸦尚有反哺之义，羔羊且有跪乳之恩，更何谈万物之灵的人呢？年轻一代对长辈老人尽孝，不仅是应该的，而且是必须的。否则，就有违天道、有悖人伦，不孝就是大逆不道，这是家庭和社会都不能容忍的。而且，还有古语说"孝于亲则子孝"。君今为儿女，善事父母，对自己的儿女乃是一种无言的熏陶。若大人对老人不孝，孩子耳濡目染，自然不会有孝心，这叫"老猫房上睡，一辈传一辈"。时光易逝，君也会变成老人，由儿女"善事"，自然之理。人生有代谢，往来成古今，种瓜得瓜，种豆得豆。这道理再简单不过了。

孝心，是一个善心、爱心和良心的综合表现。孝敬父母，是中华民族的传统美德，是衡量一个人品德是否高尚的重要标准之一。依笔者所见，对老人的孝也该来一番观念更新。如果物质上跟得上，我们不妨尽力提高一下老人们的生活档次；如果精神上我们可做得多一些，不妨抽时间陪父母聊聊天、谈谈周围的新鲜事，再如订书报敬老、旅游敬老、送老人上老年大学敬老，等等。总之，现代之孝，重在物质与精神的配合，满足老人简单的心愿，了解老人所思所想所欲所求，给他们以真正的属于老年人的温暖和惬意。愿天下子孙尽心尽孝，愿天下老人快乐幸福。

（牟瑞彬）

与母亲约会

深秋的黄昏如诗一般美丽而有韵致。

吃罢晚餐，母亲和往常一样坐到阳台边，遥视远方。

当我温情地告诉母亲我要请她出去共度周末时，母亲竟非常吃惊地望着我。

母亲已退休好几年了，父亲病故后，我和妻就将她接来同住。母亲极善解，同妻相处很好，聪颖活泼的小女月月，更是母亲的宝贝疙瘩。但当我和妻上班月月上学之后，母亲就常常呆坐阳台边，入神地望着远方。许是遥忆父亲，抑或思念过往的那些旧事。

一天一天，母亲变得沉默了。

而我疲于种种应酬，极难有暇陪陪母亲。因此，当我提出陪母亲度周末时，无怪乎她会吃惊异常。

当母亲明白我的意思后，竟很激动。她要我稍候，随即进了屋。

母亲翻出了多年未用的妆什，细心梳妆，并且换上一件她以前极喜爱的衣服。

我们决定步行。黄昏的辉晕将周围映得美丽迷人，长长的林荫道上，片片秋叶随着晚风跳跃，抑或翩舞。母亲挽着我手臂，慢慢地踱行。母亲脸上漾满了幸福和惬意。我意外地发现霞霭辉映里母亲竟很美很美。

走进一家影院，我陪母亲看了一场电影。那是母亲最爱看的一部黑白旧片。随着剧情的跌宕，母亲或激动，或轻叹，或扼腕，很是投入，偶尔也偏过头来为我解说两句，一如儿时她带我看电影时的情景。

电影散场，母亲兴致很好。

我们又去了咖啡厅，要了两杯稍淡的咖啡，相对坐下。烛光微微，给人很温馨的感觉，而低缓悠扬的乐曲，激起怀旧的情思。平素寡言的母亲今晚谈兴却很高，她轻握我手，娓娓而叙。我恍若又回返童年，沐浴在母爱的光泽中。

我第一次向母亲谈及了我的工作以及奔波的艰辛。

我第一次了解了一些以往所不知的关于母亲与父亲间的动人故事。

我也第一次了解了母亲对父亲的思念是如何的深挚。

我第一次知道了自己一岁半那年不幸走失后父母的痛彻心腑。

我也第一次知道了自己是如何扎着小独辫儿在母亲的导引下边唱边舞的。

我更第一次知道了在自己成长的历程中，因年少无知曾给父母带了多少烦忧和痛苦。

烛光曳曳。当母亲用微颤的低音哼起那首儿时教我的歌，我们的眼里都闪过一丝晶莹。

走出咖啡厅，已近午夜；

那晚，我和母亲都睡得很香。

第二天醒来时，我发现母亲脸上挂着灿烂的笑，竟然年轻了许多许多。

（段代洪）

原谅妈妈

在你6岁生日时，妈妈没有买啥东西作纪念，开始给你写日记，记载你的成长，也记载着妈妈望子成龙的一颗心。

今天是你7周岁生日，二年级的你已经很懂事了。你要妈妈买一盒水彩笔作生日礼物，因为每次画画你都借同学的水彩笔。你说，你等着要还给同学。这次，妈妈就满足你的愿望。

你的父母都是贫寒出身，为从小培养你勤俭节约的习惯，妈妈拒绝了你许多小小要求。因为在妈妈眼里，你太小了，妈妈害怕你没有使用和保护能力造成浪费。

你每天都念叨；同学的组合笔盒多么有意思，在寄予某种希望的同时，还爱惜着自己的铁制笔盒。妈妈告诉你，你现在只是好奇、喜欢，却不懂攀比是一种浪费。

你羡慕同学的保健书包，每天把外婆用碎布片拼做的花挎包当作保健书包用双肩背起，妈妈看见既感好笑，又心疼。但为了你健康成长，妈妈只好忍痛割爱，等你的花书包烂得不能再用时，妈妈一定给你买个新的。

你从小体弱多病，身高只有82厘米。妈妈愿付出全部的爱。而在学习上，妈妈对你要求极严，你写错一个字，甚至一个笔画，妈妈都会打你，但妈妈的心在忏悔。妈妈明知道自己已走进了教育的误区，每当看到你马虎而又不专心时，就会旧病复发。在你幼小的心灵里，妈妈也许不是一位慈母，而是一位严师。

在你生日这天，妈妈在你日记中又记下了这番话，望你长大成人时能原谅妈妈，不负妈妈一片心。

（胡锦萍）

别让孩子过早富贵

　　A、B同是小镇上有名的"大款"，在教育子女上却有不同的原则。A花了一笔钱把独生女送进了一所著名的学校，接受良好的教育和训练，B却背地里讥笑A花了冤枉钱，除经常为还是学生的女儿买时装、金银首饰外，还为尚未成年的儿子买摩托车、BP机。

　　A、B两家，孰是孰非，明智者一望便知。但现实生活中，却恰恰有许多父母自觉或不自觉地做了B类家长。他们把独生子女宠为小皇帝、小公主，不仅对他们百依百顺，而且忙着赚钱造房，为他们的未来做着充裕的物质准备，却忘记了教育子女这笔最大的投资。他们把儿女"全副武装"，全力培养孩子的"贵族意识"，似乎这样就能让他们出人头地，有了出息。于是就有了那些腰佩BP机、足踩摩托、全身名牌、吸烟喝酒、自视为"天之骄子"的学生。于是，社会上也就出现了被物质享乐重重包围，躺在温柔乡，做着富贵梦，直至赌博、吸毒，走上犯罪道路的"问题少年"。

　　历史上有许多"虎父犬子"的故事与宠爱娇惯子女有关。唐太宗李世民有十四个儿子，这些天潢贵胄绝大多数不成器，下场可悲。

刘备世人之杰，一生纵横驰骋，却有一个荒淫昏庸，被称为"扶不起的阿斗"的儿子。状貌奇伟、智慧罕匹，在赤壁之战中大败曹操七军而名扬天下的周瑜，也有一个以都督乡侯之尊，荒于国事、奸人妻女的败家子周胤。他们成为"犬子"，一个个腐朽堕落，当然有着多种原因，但决不能排除生在富贵之家，从小备受宠爱，缺少严格管教和磨炼的因素，他们的父母不能不负有一定的责任。

自古雄才多磨难，纨绔子弟少伟男。要叫孩子有出息，父母要勿以条件优越而娇宠之，亲朋要勿碍其父母"面皮"而袒爱之，而是要以严肃、科学的态度教育子女。外国一些资本家为了孩子拥有健全的人格、良好的品格、吃苦耐劳的性格，不让孩子生活在家庭的"真空"里，除积极鼓励孩子外出打工，锻炼他们自力更生、独立自主的能力外，他们从小起就让孩子自己面对困难与问题，甚至设置一些小小的障碍，对他们进行"挫折教育"。他们还送孩子进军校、参加军队服役，对子女进行生活、生存能力的严格训练。借鉴古今中外教育子女的经验，看看身边那些惨痛的教训，那些先富起来的父母们，还是不要让孩子过早"富贵"为妙。

（余文宏）

从美国大富豪怎样教育下一代谈起

在纽约港繁忙的曼哈顿码头上，人们可以看到一位英俊的年轻人，上身打着赤膊，一边用毛巾擦汗水，一边开动吊车把集装箱从货轮上卸下。他工作卖力，是码头工人公认的。谁又能料到，这位年轻人是美国哈佛大学经济管理系高材生，他家的资产近百亿美元，是世界著名的大富翁。他祖父老洛克菲勒是洛克菲勒财团董事长，父亲是曼哈顿集团公司经理，离码头不远的一幢巨型摩天大楼就是他父亲的财产。然而，这一切全不为众人所知。

洛克菲勒家族有个家规：18岁以后，经济上自理。这位名叫哈里的年轻人说："我父亲年轻时比我更苦。他当年在普林斯顿大学读书时，为了交付昂贵的学费，每到假期便到密西西比河的货轮上当水手，干着最脏最累的活，这样才念完大学。祖父虽有钱，他从不伸手，这是个人的耻辱，也是家规。"

洛克菲勒要求子女们做到"富而不污"、"富而有义"、"富而有志"这三条。他有意识让孩子经受一定的贫穷和饥饿、磨难和委屈，叫他们明白金钱来之不易，从小培养一种吃苦耐劳的精神。有经过

"少年穷"才能使他们成年以后在纷繁复杂的世界中找到自己的位置，以强者独立的人格迎接生活的挑战。

全美著名的亚特兰大快餐经销店，在美国各地有200多家营业餐厅，年营业额近20亿美元。老板菲尔德已经60出头，每天仍坚持工作16小时。他的儿孙成群，每到寒暑假，子女全到他的各地餐厅打工，他们和普通工人一样，不能享有任何特权，以劳动量付给工资，用来交纳学杂费。

菲尔德有数十亿美金的资产，没有一点富翁的气派，一直过着俭朴的生活。他用的是自开的耐用汽车，住着朴实的住宅，他还经常用中国的一句古语"成由俭，败由奢"来教育子女。他认为：在一定的条件下贫富可以相互转化，没有相应的信仰和精神支柱，再鼓的钱袋到头来也只会空空如也。他严禁子女们参与吃、喝、嫖、赌，要求他们和自己一样，每年都拿些钱捐助教会和慈善机构。

家庭对于有志气、有抱负的青年来说，自古以来就只是养育和生活的场所，它既没有理由成为骄傲的资本，也不应成为自弃的包袱。我们有一双勤劳的手，有一副强壮的身体和一个健全的脑袋，我们掌握了认识世界和改造世界所必需的科学文化知识，我们理应用自己的汗水去开拓人生的新路。古今中外的历史上，有几个伟人巨匠，是靠着"好爸爸"成材的呢？

高尔基幼年丧父，当过流浪儿；居里夫人出生在普通的教师家庭；鲁迅的先辈留给他的只是一个破落的家庭；黄道婆自幼做童养媳，等等，他们何曾有过丰盛的佳肴？何曾有过舒适的住房？又何曾有过家产、权势？但是，他们认清了时代的需要，选择了良好的时机，用血和汗踏出了一条自己的路，为人类作出了卓越的建树。在通向成功的道路上，他们自然有过人的才智和学识，但更重要的是他们都有一颗可贵的自强不息之心。

暖房里的花朵弱不禁风，山崖上的松树雷打不动；插土成荫的杨柳难过严冬，历尽寒暑的青松常年葱茏。"刀在石上磨，人在苦中炼"。人也总是在各种各样的磨炼中才变得逐步坚强起来。对于新生儿来说，只有那些能够适应气候、抵抗疾病，学会走路、自觉饮食的强者，才能茁壮成长，凡是经受不起这些最初困难的，就难免变得瘦弱、多病乃至夭折。作为社会的人，面临的考验就更多。一般情况下，只要不在种种考验中垮下来，总是经受的艰难困苦越多，意志就越坚强。许多仁人志士，之所以在立场、信仰、意志等方面比现在有些人尤其是一些年轻人要来得坚定，正是他们在含辛茹苦的艰难岁月中经受了长期磨难的缘故。古语说："艰难困苦，玉汝于成"，这话千真万确。

毫无疑问，在成长过程中，我们会遇到各种意想不到的艰难曲折。然而，只有懒汉懦夫才孜孜以求外在的解决困难之道。自古以来，大树底下长不出好草。无数历史事实证明，靠祖荫安身立命是没出息的。对一个想对社会、人民作出贡献的青年来说，应该求助于自己，他的一生应该是一曲艰苦奋斗之歌：与困难作斗争，与邪恶作斗争。

（胡胜林）

寄给母亲的信

当我决定加入海军陆战队时，还不满17岁。母亲极力反对我的决定，并说我天生就不是一块当兵的抖，劝我不要做当兵的梦。但最终她还是在同意服役的文件上签了字。

在菲律宾服役两年后的一天，我被传唤到中校博伊德的办公室。中校看起来很善良。但我很清楚地意识到此刻中校决不会叫我来打发时光，这是我第一次进中校的办公室。

进门时，中校正在翻阅桌面上的文件。站在他的桌前，我紧张地等他的问话。果真，中校一会儿便停止了他手中的活儿，抬起头仔细地打量着我。最后，中校说："我亲爱的中士，为什么你已经六个月没给您的母亲写信了？"我的两腿开始发软，有那么久了吗？

"我没什么可写的，报告长官。"我回答。

中校告诉我，母亲已同美国红十字会取得联系，然后红十字会又把我没给母亲写信的事实报给了我的上司。接着他问："看到那张桌子了吗？"

"是，长官。"

"打开最上面那个抽屉，你可以看到几张纸和一支笔。坐下来，立即给你母亲写点儿什么。"

"是，长官。"

我完成了一封短信，并再一次站到中校的面前。

"我命令你今后每周至少给你母亲写一封信。明白吗？"

"明白，长官。"

这件事大概已过去了35年。母亲已老了，记忆力开始下降，我不得不把她送到疗养院。在整理她的个人物品时，一个雪松箱子吸引了我。在箱底，赫然躺着一捆信，用一条亮丽的红丝带扎着。

我解开丝带，发现那捆信竟全是一个人的笔迹：它们就是我在菲律宾服役时被中校命令所写给母亲的。

那天下午，我在母亲房间的地板上读着每一封内容近乎同一的"亲爱的妈妈，您的儿子此刻在菲律宾给你写信，我在这很好，您好吗？……"之类简短的信件。我想象不出这些被强令例行公事式敷衍的话语，为什么在母亲的眼里竟是那么的宝贵，并能让母亲如此用心珍藏一生……泪水禁不住顺着脸颊流淌下来。我这才意识到年轻时我是多么地欠考虑，多么令母亲牵挂……

然而，这一课我学得太迟了，不会再对母亲有任何作用。

但是，如今我不再需要一位上司来命令我定期给我所爱的人写信了。

（胡蝶　译）

另一个父亲

那还是70年代中期，人们的生活还比较贫困的时候，岳丈就偷偷地做一些小本生意，他收了人家的货，再发出去，赚取其中的差价。那时候岳丈的儿子五岁，女儿——也就是我的妻子一岁，他们的日子过得比较优裕。

那时一位烟台的客户，常来送货，他是一个中年男子，姓刘，留着络腮胡，一看就是那种诚实憨厚的人。每次来的时候，岳母都要炒上两个小菜，让他跟岳丈喝点酒，他的胃口不太好，能吃的菜就是豆腐和炒鸡蛋。

那时候账都是赊欠的，人家欠岳丈的，他欠人家的，年底一把结清。谁知那年，他供货的那方家里起火，一夜之间烧了个精光，岳丈积压在那儿的千余元钱的货物也付之一炬。还没到年底，家里要账的就挤破了门，岳丈只好求亲告友，东凑西借，打发走了这家又来了那家，好端端的日子骤然陷入了困顿和窘迫，简直连吃饭都成了问题。

腊八那一天，烟台的刘姓客户来了，岳丈跟岳母最犯怵的就是他，因为欠他的钱最多，足有二百多元。他显然也知道了事情的变故，更看出了岳丈家眼下的困境，所以只低着头喝水，不提要钱的事。临近中午的时候，他从炕上下来，提出要走。岳母怎么也不答应，到邻居家借了个把鸡蛋，又出去买了块豆腐，留他吃了饭。他吃得很少，话更少，说胃疼，吃不下哩，把大半盘的鸡蛋用筷子挑着给了我的妻子和她的哥哥。岳母看着，背过身去抹眼泪。

走的时候，岳丈把费了好大劲借来的几十元零头给了他，让他先拿着回去把年过了，说余下的二百元慢慢地再还他，事已至此，真的没有办法了……他拿在手里，一张张地捻着，叹了口气，岳丈就知道他是嫌少了。谁知他却拿出了一半递给了岳丈，说："不能光我过年啊，你还有两个娃，苦了大人不能苦了孩子，那些慢慢再说吧。"说完他就走了。

因为没有了业务上的往来，加上他也知道岳丈短时期内拿不出那么多钱，所以以后也就很少来。偶尔来的时候，他都借故说是出差路过进来看看，问问岳丈最近的情况，吃顿简单的饭，绝口不提钱的事。他越不提，岳丈岳母也就越不好受——贫穷能让人变得多么无奈和棘手啊！

再一次来的时候，他用竹筐捎来了两只猪崽子，说："你们养着吧，养大了我会找人来收的"。那时候一只猪崽也得二三十元钱，家里真是连猪都捉不起呀！岳丈看着两只胖墩墩的小猪崽，面露难色。他微微一笑，又说："猪崽是我家猪下的，不要你钱，你只管养就行了。"岳丈知道他是想借此赞助自己把"债"了却，就感激地留他吃饭，他推说事忙，只喝了杯水就走了。

后来的情况是，一只小猪养了不到一个月，得了疟疾死了；另一只因为营养跟不上，养到年底还不过一百五十斤重，开了春，到了盛夏，猪还是没怎么见长，岳丈只好让人杀了，卖了98元钱。他们没敢花，凑足了一百元打算等他来先付给他，可是一直不见他来。岳丈只知道他是烟台桃村县人，他有两个儿子，大儿子10岁，小儿子8岁。除此以外，别无他知。

一年过去了，两年过去了，他的影子还是没出现。后来，因为有事急用钱，就先拿出来花了。

又过去了5年，岳丈家的生活好了起来，有足够的能力还那笔钱了，他还是没来，家里的人就猜测着他是不是出事了，或者……是出现了其他变故？岳丈几次想去找他，可是都因为手头一些事缠着，加上自身懒惰成性不好动，没有去成。再后来，随着时间的增长，他就渐渐地把这件事淡化了。

一直到了1997年，岳丈村里当时跟自己一起做生意的一个人出差到烟台，在路上遇见了一个桃村的人，两人就拉了起来。岳丈村的那个人也认识那个刘姓的客户，就问起他，他笑了笑，说那是先父，不过现在不在了。那人又问起岳丈的名字，他就告诉了他，那人听后爽快地说："你能不能给他捎个信，让他到我家来一趟，父亲临终前有桩事嘱托我还没办，我想跟他说说哩！"

岳丈知道后，真是悲喜交加，喜的是三十年的心债终于可以偿还了，悲的是这么好的一个人竟然早早地走了。最后，岳丈和岳母带上许多钱物，按照那个人留下的地址去了。

他大儿子——就是捎信让岳丈来的那个人接待了他们，当然他也是三十多岁的人了，可是只需一眼，他们就从他脸上看出了他父亲当年的样子。岳丈和岳母先是表示歉意，然后拿出2000元钱，让他留下。他嘿嘿地笑了，连连地摆手，说不是这个意思，接着起身到里屋，翻弄了一会儿拿出一张褪了色的米黄色横格纸，递给岳丈。岳丈看了看，见是他父亲生前的账单，其中在他们那一栏里用蓝笔划掉了，见岳丈疑惑，他就拿过去，用低沉的声音解释道：

"父亲在世的时候就常跟我们说，到你们家受了很多恩惠，说您跟伯母是两个好人……可是，那一年，父亲的胃病又犯了，特别重，弥留的时候，他把我叫到跟前，嘱咐我以后一定找到你们，代他向你们问好，有空接你们来家玩玩。父亲还嘱咐我，说你们家里日子过得艰难，两个孩子还小，那200元钱就不让我跟你们要了，他不放心，又亲自要过笔去划掉了……"

他还要讲下去，可是他们两个都听不下去了，嘤嘤地掩面哭起来。末了，岳丈提出到他父亲的坟上看看，大儿子就领着他们去了。刘老汉的墓掩映在一株粗大的柳树底下，周围是青青的草丛，显得特别地突兀，岳丈跟岳母什么也没说，就俯身跪了下去……

他的大儿子终于没有留下岳丈一分钱，只收下了岳丈带来的几瓶白酒和一箱他父亲生前爱吃的鸡蛋。

以后，每年的清明时节，岳丈都会带着儿子和我的妻子到桃村去，有时候也带上我。每次在他的坟前，岳丈都要久久地长跪着，斟上一盅酒，喃喃地跟他说着什么。起身的时候，他就用那条大方手帕擦干泪，对我们重复那句说了几百遍的话："记住，这里长眠的是你们的另一个父亲，是他让你们健康地成长到现在，你们什么时候都不应该忘记！"

（邹扶澜）

以身救父，好一个情深意重的养女

"父老乡亲们，我愿以身救父，以我 16 岁少女的青春为代价，给您当闺女做媳妇都行，换取为父治病的钱，偿还家里欠下的债务，报答乡亲们的恩情……"这是 1997 年 3 月发生在湖北汉水河畔临河村的一幕。

这位长跪不起，以身救父的女孩叫刘秀秀，是该村村民刘自强 16 年前收养的女婴。她感天动地的一腔反哺情，让汉水河畔无数善良的人洒下感动的热泪……

妻子临死的时候，拉着丈夫的手说："再苦也要把孩子养大，再难，也要让孩子读书。"

1980 年 11 月 5 日是个大雾天，浓雾漫进房前屋后，房子周围的原野里朦胧一片。刘自强照例起了个大早，带着金秋收获的喜悦，挑着精心编织的篾货，急匆匆地赶往集上，当他走到一个十字路口时，突然路旁草丛中传来几声微弱的婴儿啼哭声。他放下担子拨开草丛，只见一个襁褓，打开襁褓，里面包着一个嘴唇、脸色青紫的婴儿，他小心翼翼地解开婴儿的花棉袄，发现是个女婴。襁褓里还有一只带着余热的热水袋和一只奶瓶，还夹着一封信，上边写着："小女有爹也有娘，爹娘没有拜花堂。"并写着小女出生于1980年10月15日凌晨，刘自强明白了，这是一对偷吃禁果的未婚父母抛下的"私生女"。

他鼓足勇气将女婴抱在怀里调头就往家赶。这时，一个打扮入时的姑娘气喘吁吁地追来，泪水在她那瘦削的脸上流淌，半天没能说出一句话，却"扑通"一声跪在刘自强面前，磕了三个响头。这突如其来的举动搞得刘自强不知所措，他忙将姑娘扶起，只见她将女婴紧紧地抱在怀里，在孩子稚嫩的面颊上吻了又吻，泪水夺眶而出："大哥，拜托您了，您的恩情我们必将厚报！"说完，取下手上的一只银镯，在口里咬了一个牙印，同一包衣服和一沓人民币塞到刘自强的手中，三步一回头地哭着离去……

刘自强路拾女婴之时，他和妻子郑元琴正处于刚刚失去孩子的痛苦之中。10天前，他们刚生下3天的女儿不幸夭折，身心交瘁的妻子整天躺在床上，独自落泪。刘自强抱着女婴回家，向妻子诉说了事情的经过。出于对女婴的同情，郑元琴从床上艰难地支撑起来，从丈夫手中接过孩子，抱到自己怀里。望着嗷嗷待哺的女婴俊秀的小脸，仿佛那早夭的宝贝女儿又回到了自己身边，她的眼中涌出了泪水。婴儿饿得张开了小嘴，她急忙解开衣襟给孩子喂奶。夫妻俩给女婴起了个好听的名字——秀秀。从此，他们把心血全部倾注在小秀秀身上。

不到30岁的刘自强憨厚朴实，勤劳善良。为了一家人的生存，他除了在承包田里勤扒苦作外，还经常起早摸黑在湖里捞菱采藕、捕鱼捉虾，每天拼命地做活儿，但日子仍过得紧巴巴的。体弱多病的郑元琴每天寸步不离地抱着秀秀，在艰难困苦的生活中，他们夫妇都把秀秀当成了自家的亲生骨肉，竭尽苦心要把秀秀抚养成人。

小秀秀一天天长大了，可因郑元琴治病花去了家里的全部积蓄，家中依然很贫穷。开支越来越大，粮食也越来越不够吃，几家邻居都借遍了。有一天，秀秀饿得直哭，刘自强夫妇心疼地直掉眼泪，于是，郑元琴对丈夫说："明天我去城里找姐姐借钱，说啥也不能让秀秀饿着。"

苦难宛如天边的雨，说来就来，无法逃避。第二天，在去城里借钱途中，郑元琴不幸遇到车祸。刘自强抱着七个月的秀秀赶到医院时，郑元琴已经危在旦夕，她拉着丈夫的手，吻着秀秀的脸颊，吃力地说："再苦……也要……把孩子……养大，再难……也要……让孩子……读书……"话未说完，她永远地闭上了双眼。

刘自强抱着头顶一方长孝布的秀秀，在妻子灵前失声痛哭："元琴，你放心走吧！有我吃的，就不能让秀秀饿着，再难我也要把秀秀抚养成人……"一个善良的女人就这样不幸地去了，留下了刘自强和他苦命的养女。

"只要女儿能上学，别说卖血，就是卖命我也心甘情愿！"

妻子不在了，刘自强的日子更加艰难了，他艰难地抚养着秀秀，有点好吃的，他总是让秀秀先吃；寒冷的冬天，他宁可自己穿得单薄些，也要想办法给秀秀买过冬衣服；破屋四处漏风，难挡风雪，他常常把秀秀紧紧搂在怀里，不让她受冻。炎热的夏天，他为秀秀执扇驱蚊，让她甜甜入睡。冬去春来，年复一年，刘自强为抚养秀秀，不知度过了多少不眠之夜，付出了多少心血和汗水，失去多少次再婚的机会。

妻子去世不久，便有不少人上门给刘自强提亲，都因他带着秀秀而未说成。1983年春节，一个年轻寡妇上门对刘自强说："你要真心和我过日子，我负责帮你还债，但必须把秀秀送人，不是我心狠，而是想再要一个生育指标，生一个我们共同的孩子。"刘自强理直气壮地告诉她，我要永远和秀秀在一起，谁也别想把我们分开。

小秀秀慢慢地长大了，蹒蹒跚跚地走路，咿咿呀呀地学语，会甜甜地叫"爸爸"了，这一声呼唤，让刘自强既有一种辛酸，也有一种父亲的自豪。他想起了死去的妻子，也更坚定了独身抚养秀秀的决心。

秀秀在这个苦难而又充满爱心的家庭里一天天长大了，秀秀刚学会跑，就跟着父亲到田里打猪草、捡柴禾。回家后，父亲做饭，她添柴，配合得很是默契。

有天中午，刘自强从田里打药回来，没进门就听到从厨房里传出剁菜声。他进屋一看，见秀秀站在小板凳上切白菜，左手鲜血直流染红了菜叶。顿时，一种感激和负疚让他落泪了。他虽有几分欢喜，但更多的是愧疚，因为秀秀还不满6岁呀！

岁月悠悠，一晃过了7年。秀秀在父亲温暖的怀抱里由一个嗷嗷待哺的婴儿变成了活泼可爱的女孩。这一年，秀秀高高兴兴地背起书包走进了村办小学。她上课认真听讲，按时完成作业，学习成绩在班上数一数二，老师说她是棵好苗，是块上大学的料。

为了供秀秀上学，刘自强用瘦弱的身体支撑着这个苦难的家，整天在地里死干。一年到头，经济上仍很紧张。后来，他只好买了一辆半旧的自行车，夏天从城里到各村来回卖冰棒，冬天贩青菜。一次卖菜回来，经过一座小桥时，不巧，对面来了一辆摩托车，车速很快。他心里一慌，栽到桥下，头上碰了一个大口子，流了很多血。秀秀放学回家，看到父亲摔成这个样子，心疼得直哭。哭了一会儿，她请来邻居大娘把家里唯一的一只母鸡杀了炖好，端给父亲吃，让他补补身子，而父亲却一筷也不动，非要和秀秀一齐吃，而鸡大腿、鸡肝又都放在秀秀碗里，两个人就这样推来椎去，谁也不吃……

艰难的岁月一天天地熬过去了。5年后，秀秀没有辜负父亲的期望，以优异的成绩考上了镇中学。父亲也愈发苍老了，家里的开支也更大了，为了给秀秀准备下一学期的学费，父亲有空就挖树兜子，到了暑假，他已挖了一拖车树兜，估计能卖三四百块钱。可是，在去城里送树兜的途中，厄运又一次降临到刘自强的头上。在一个拐弯处拖车翻了，刘自强被压在下面，浑身是伤。他在床上待了一个多月，秀秀一直守在他的身边。秀秀多么想替父亲分担一些痛苦啊！可父亲却说："快开学了，别耽误了复习功课。"

在学校里，秀秀从不跟人家比吃比穿，就知道好好学习。15岁那一年，她又以优异的成绩考上了县重点高中。当秀秀捧着入学录取通知书蹦蹦跳跳回到家时，刘自强再也抑制不住激动的泪水。他终于可以痛痛快快地哭一场了，妻子可以含笑九泉了，自己的心血没有白费，女儿很有志气。秀秀默默注视着他，目光中饱含着理解和深情，过了一会儿，秀秀也哭了。她既为自己的出息而高兴，又为以后的生活而忧伤。

报名费800元和每月的生活费哪里筹呢？刘自强不停地奔波，不停地流泪，不停地企盼，不停地哀伤……夜里，刘自强躺在床上翻来覆去难以合眼。突然，他一拍脑门："有了！"天刚麻麻亮，秀秀还在熟睡，刘自强跑了几十里路直奔县中心血站，排头名要求献血。医生见他瘦弱的身体，把手一挥："你来凑什么热闹？"刘自强急了，拉住医生的胳膊："别看我瘦，但是身板挺结实，没得过病。不信，你瞧！"他伸出青筋直暴的胳膊，医生见了直摇头。见医生还是不理睬，他"扑通"就给医生跪下了："医生，我女儿上学急用钱呀……"

谁见了这样的父亲不为之动容呢？

殷红的血液汩汩流入了输血袋，临近中午，他饿着肚子带着300毫升血换来的钱回家。走到村头小木桥时，却因极度虚弱，眼前一发黑晕倒在河里。村民们将他从水里捞出来抬回家，当秀秀从父亲湿透的上衣口袋里掏出卖血证明和钱时，一头扑在刘自强怀里放声大哭："爹，我宁肯不上学，也不让您卖血呀！"

一些好心的大娘、大婶都劝自强："看你整天既当爹又当娘，忙里忙外多不容易。女孩子在农村，识几个字就算啦，就别让秀秀再上学了！"

刘自强听后却说："只要女儿能上学，别说是卖血，就是卖命我也心甘！我愿用自己的生命为代价，换取为女儿上学的钱！"

"爹！我永生永世也难以报答您的恩情。"秀秀大放悲声。在场人无不为之流泪、唏嘘！

我也知道"以身救父"看似有失伦理，可为救父和少连累乡亲们，我才选择了这条路，希望人们能理解我的一片孝心。

在县高中期间，刘秀秀因学习任务重、离家远，除寒、暑假外，每个月末的星期天才能回一次家，于是，每个月末的中午刘自强都准时出现在校园门口。有个雨天的月末星期六，同学们都回家了，秀秀独自一个人在教室里看书，忽听"咚咚"几声踩脚声。她扭头一看，是父亲！她赶紧奔出教室。父亲戴着草帽，披着一块烂塑料布，雨水顺着破帽沿淋到塑料布上，又顺着衣服流到走廊上，地面顿时湿了一大片。秀秀上前叫了一声爸爸。父亲看看秀秀没作声，只是把身上的衬衣脱下披在秀秀身上。秀秀见父亲只穿着一件湿淋淋的短衫，望着父亲那微黑的嘴唇，看着他那哆嗦的手和从他头发上流下的雨水，秀秀不由得热泪盈眶……过了一会，秀秀似乎想起了什么，急忙脱下父亲的衬衣，快速地把它披在父亲身上，刘自强再也忍不住了，泪水夺眶而出……

当父亲把每月的生活费一分也不少地交给学校食堂时，秀秀的泪水挡住了视线。恍惚中，他仿佛看见父亲赤着双脚在冰冷的水里来回赶鱼、捞鱼；北风呼呼地刮着，父亲用一条破麻袋遮住头睡在四面透风的菜场……父亲用他那粗糙的手把卖鱼和菜的钱交给食堂时，秀秀终于由哽咽转为抽泣，最后干脆大声哭了起来。

坎坷的经历和痛苦的经验，是人生的一笔财富，磨砺、造就了秀秀坚毅的性格，秀秀变得坚强起来，学着和父亲一样，用辛勤的劳作和贫穷搏斗。假期，秀秀起早摸黑，同父亲一道忙了地里忙家里，从地里回来，让爸爸歇着，自己做好饭端给爸爸吃，然后，洗衣喂猪样样都干，晚上再热好水端给爸爸洗脚，待爸爸躺下自己再完成家庭作业。多亏有邻居王大娘，经常来帮助她，使这个过去沉闷的家，又充满了欢笑声。

可是，他们刚刚品尝到平静生活的滋味，厄运第三次降临到他们家。

1995年7月的一天，刘自强脑后脊椎处一个铜钱大的疮口流出暗红的脓血，恶臭难闻，痛不欲生，秀秀什么办法都想尽了，吃药、打针甚至于请一些巫医，可仍没见好转，秀秀抱着父亲哭了一场之后，嘶哑地说："爸，我不读书了，回来帮家里干活。"父亲大为恼火，怒气冲冲地说："这点小病算个啥！连学都不上了，往后会有啥出息？"在父亲的压力下，秀秀开始艰难而漫长的拼搏历程，一边学习，一边寻找为父亲治病的良方。有人对她说用癞蛤蟆、毒蛇活活捣碎拌砒霜敷在疮口上，最多两次就可见效。但必须在敷药前用嘴把里边的脓血腐肉全吸干净。

当有人问秀秀能否做到时，她毫不犹豫地说："父亲为了我卖过血，我为父亲吸脓血又有什么呢。"

于是，第二天中午，秀秀照此秘方配好药后，扒在父亲脖子那流着脓血的疮上，一口一口地吮吸着，就这样吸了吐出，吐了再吸，折腾了个把小时，才把脓血吸干敷上药。感动得刘自强放声大哭："老天呀，是您给俺派来的孝顺闺女呀！"

在秀秀孝心的感召下，刘自强的疮一天天见好，但长时间的操劳以及心中压抑太久的痛苦，使刘自强的身体每况愈下，每天不得不用药顶着。是秀秀用瘦小的身体料理着这个多灾多难的家。

1996年暑假，灾难再一次来临，刘自强骑着自行车去卖冰棒，没走多远，他就发现自己无法控制自行车，突然"啪"地一声，连人带车一起摔在地上，摔得鼻青脸肿。

不幸的是，这种状况一天比一天严重。刘自强走路要人搀扶，端碗双手颤抖，没过几天，他已无法行走了。

秀秀不得不中途辍学，陪父亲不停地去有关医院检查，最后确定为：滑膜性肿瘤（癌症），需锯掉整个右腿。住院费用5万元。

为了支付父亲的医疗费，秀秀先后卖掉了家里的两头耕牛和全年的口粮，后来不得不卖掉家具、棉絮，甚至连枕头里的几斤皮棉都拿出来卖了。除了空空如也的两间房子，再也没有值钱的东西。

往后的日子怎么办呢？躺在县医院病床上的刘自强，在生命随时都可能结束的情况下，他想了许多，许多……

"秀秀，你过来！爸爸有话对你说。"

她听到父亲那微弱而嘶哑的声音，探过身去。

"爸爸快要死了，有件事不能再瞒你了！"

她愣住了，一时没明白过来。

"你是爸爸16年前拣来的女婴。"

"不可能！你骗我！你糊涂了。"秀秀丝毫也没有相信。

刘自强哽咽着道出了秀秀的身世，把当年襁褓里那封信和一只银镯子递给了秀秀……

秀秀似乎明白了什么，她"扑通"一声跪在养父面前放声大哭起来："爸，您永远是我的亲爸爸呀。"

刘自强在医院等钱治病的消息一传出，临河村的乡亲们顿时心潮难平。一笔笔捐款送到秀秀手里。但毕竟村里捐款有限，离5万元仍相差太远，秀秀东奔西跑也找不来钱，只好成天哭泣。

她想到过卖血，可瘦弱的女子就是把身上的血抽干也卖不了5万元呀！她突然想起电视中女子卖身葬父的画面，迫于无奈，第二天她就赶回村里跪在街头，向人们发出"以身救父"的呼唤。

见此，有人感动得流泪，也有人指责她伤风败俗，有失伦理道德。这个倔强的女孩，流泪申辩着自己的真诚，争取着人们的理解："我知道这样做有点偏激，可为能救活父亲的命，我只有走这条路呀！更何况，我只是给人做闺女或给人当媳妇，并不是像妓女那样去出卖肉体，去干违法、丧失人格的事！"

爸爸，为了我，母亲丢了命，你养育了我16年，吃尽了苦头，也差点丢了命，我只有永生永世报答您的大恩大德，才对得起死去的母亲！才对得起天地良心！

刘秀秀"以身救父"的感人事迹传出后，引起了社会广泛的同情。社会各界纷纷伸出了援助之手，大家的仁爱之心、援助之情汇成一股股暖流激荡着秀秀的心。

医院也作出了建院以来第一次特殊决定：免除刘自强除药费以外的手术、护理、床位等其他一切费用。许多素不相识的人也加入到捐款献爱心的活动中。这情、这爱，使刘自强感到，在世上做人真是一种福分。他有了希望，有了依靠，有了信心。

消息越传越远，很快传到了在外地当包工头的秀秀的亲生父亲王前进、母亲王荷花的耳中。听着那催人泪下的故事，他们夫妇总觉得一切的一切都和当年他俩抛弃的私生女相似，经电话从刘自强同村的姑妈那里得到证实后，1997年2月17日，他们从外地翻山越岭来到临河村，赶到县医院刘自强的病床前。当他们看到已发育成人、却过早承受着生活的艰难和不幸的女儿及枯瘦、苍老，在病床上呻吟的刘自强时，谁也不说话，谁也说不出话。

还是刘自强打破了这僵持的局面，他示意秀秀把镯子和襁褓里的那封信递给王前进，那熟悉的字一目了然。王荷花掏出一只银镯子与秀秀拿的那只有自己牙印的银镯子一比，没错，正好一对。王荷花把秀秀紧紧地搂在怀里，泣不成声地说："好女儿，这些年，叫妈想得好苦呀！"

见此，刘自强抽泣着对王前进夫妇说："这些年，秀秀跟我受苦了，我对不起她！也对不起你们。"

王荷花含泪接住刘自强的话茬："大哥，我不是那个意思，我是说孩子长这么大，又这么懂事，我们从心底里感激你。这些年，是你含辛茹苦拉扯孩子，我们心中有愧呀！"

"这也不能全怪你们，过去的事今天就不用提了。秀秀长这么大，第一次见到她的亲生父母，我从心眼里感到高兴，秀秀跟着我，没享过一天福，现在我又病成这个样子，更不能连累秀秀，我把秀秀还给你们，你们把秀秀带走吧，我死也瞑目了。"

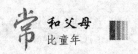

秀秀跪在刘自强面前，流着泪说："爸爸，我不走！你养育了我16年，为了我，母亲丢了命，您苦没少吃，罪没少受，为供我上学筹学费，你独自一人偷偷去医院卖血。今天，你身边正需要女儿来侍候时，我丢下您不管，我还叫人吗？对于亲生父母，我理解他们当初的难处，但我只能永远想着他们，念着他们，不怪他们……"

王前进夫妇还能说什么呢？这对当年同村同族相爱而不能结婚，偷吃禁果生下私生女远逃他乡的情侣也确实无话可说，他们理解女儿的一片真情，他们只能任凭泪水不停地流着……

刘自强的腿最终还是被锯掉了，他又回到了临河村。王前进夫妇专门为他请了一个保姆，并承担了刘自强的一切开支费用。秀秀也回到了学校，每个礼拜，她都回来看养父，尽一个闺女的孝心。王前进夫妇也不断寄来钱物和营养品；秀秀说：不管今后走到哪里，都要侍候养父一辈子，为他养老送终。

（吕秋中）

父亲的草拖

　　小时候，我一直喜欢穿父亲的拖鞋。

　　拖鞋是苇草编结成的，简单的样式，穿在脚上，在夏季清清凉凉。好像是喜欢那种感觉，走在水泥地板上，听那沉沉的鞋履声，扑嗒扑嗒的。

　　现在回想起来，那时的我该是很寂寞的。母亲回老家了，那个长长的夏天，只有我和父亲两个人在西安。

　　父亲总是很忙，每天早出晚归。他不太会管小孩，总是任我自由发展。于是，每天我可以随心所欲地睡到日上三竿，起来后吃一点父亲早晨留好的饭，然后，就穿上那双大草拖跑到楼下去了。楼下有一群和我差不多大小的孩子，我们一起玩一些游戏。那时，往往是一天中最热的时候，有的小女孩子热得受不了，连背心也脱掉，个个晒得黑乎乎的，但是看起来非常健康。

　　我们一直玩到傍晚的时候，才被楼上的大人一个一个地喊回家。

　　父亲总是最迟回家的那个人。每天回来，总是手忙脚乱地炒菜、烧饭。父亲经常把饭烧煳。尽管这样，我依然很希望他早点下班回来，只要能看见他，我还是快乐的。

如果他不在，又没有别的小孩子玩，我只能独自待在家里，望着父亲的草拖发呆。实在闷了，就穿上那双大草拖到外面，一个人在太阳底下走来走去，自我感觉非常神气。

父亲总不喜欢我穿他的草拖，他对那双拖鞋似乎格外爱惜。有一次，我不慎将那双鞋子穿丢了，回来竟然被父亲揪着耳朵臭骂了一顿。

我很委屈，不就是一双拖鞋吗？

后来，我才知道这双草拖是奶奶给编的。自从父亲大学毕业分到西安后，与奶奶离得很远。家里因为住房狭窄，没有能够把奶奶接过来住。只是每年在天最热的时候，父亲总能收到一个包裹，里面装着一双清爽整洁的草拖鞋。

奶奶托人写的信里说道：孩子，妈不在你的身边，你要学会照顾自己。听说城市里害脚气的人多，妈也没事，就给你编些草拖鞋。鞋子虽然不好看，但穿起来会很凉快，也不会得脚病。妈很想你，有空回来看看妈。你的照片都被妈的手指磨黄了……

5岁的我自然无法体会这种感情，只是觉得不过是一双草拖鞋嘛。

真正体会到这种亲情时，我已经16岁了。那时，奶奶仍然会在夏天给父亲寄草拖来，每次收到，父亲总会端详良久，默默地发上一会儿呆，我知道，他肯定是想奶奶了。因为工作繁忙，他已经很久没有回老家了。

而我对草拖的钟爱，也许是缘于童年时代的那个梦。

我的鞋柜里，有各种样式的草拖鞋：彩色的、纯色的、麻花边儿的、菱形边儿的……这时，草拖在西安的街头随处可见。在夜市上，常见一些上了年纪的女人推着小车，愉快地兜售着草拖鞋，两元钱一双，样式精巧，随便挑。我在推车边，握着一双草拖，心想，不知奶奶会不会知道，草拖在我们这里会卖得这么便宜，奶奶寄包裹的邮费也不止于此吧？更何况她还要熬夜点灯费神费力地编呢。

买回的草拖，样式好看，也非常合脚。可不知为什么，我在夏天光脚穿着它，在屋内走来走去的时候，竟会因为听不到那扑嗒扑嗒的鞋声而感到失落。于是，我依然会穿父亲大大的不合脚的草拖鞋。在父亲不在家的时候，我穿上它，会想起相距遥远的奶奶，很多年没见她了，也不知她身体好不好。

又过了两年，父亲的草拖忽然就断了——奶奶去世了。

奶奶走的那一天，西安正是炎炎的酷暑天。父亲得知消息后，好久都没反应过来。他坐在屋内，一动不动的，我只见他额上的汗大颗大颗地落下来，很快地，他的眼睛红了。

没有了草拖，仿佛没有了灵魂，父亲总是觉得少些什么似的，闷闷不乐。有时，路过卖草拖的摊子，他也会蹲下来，擎着其中的一双，端详良久。

我陪在一边，心是疼的。

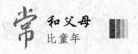

我开始学编草拖，编与奶奶一模一样的草拖。我没有想到看起来简单的草拖编起来那么烦琐，一遍遍地编，一遍遍地拆，手指尖打了泡，拾根针都会疼。

经过了三个月的时间，我终于可以将编草拖的流程熟稔于心。

我还记得将第一双草拖放在父亲面前时，父亲有过的惊喜。我想，以后每年，我都会送父亲这样一双草拖，因为我知道，草拖对父亲来说已不是一双单纯的草拖，它已是奶奶爱的延续了。

（曹晓岚）

你还能见父母多少面

　　这是一道残忍的算术题：我妈妈22岁生下我，以前的19年，妈妈每天都能看到我，现在我19岁了，已经半年没有回家看妈妈。而妈妈41岁了。妈妈如果可以活100岁，那么，妈妈还可以活59年，那我如果再这样半年回家看她一次，我这一生，妈妈这一生，就只有118次机会见面了。

　　这道数学题的答案，我是永远不敢和妈妈讲的。如果她知道的话，会多么伤心啊！每次数学考试前，我总会祈祷不要算错，只有这道题，我希望我是算错的，真的。

　　算这道题的人将其称为残忍的算术题，不过这样的算术题确实该算，只有算了，才会警醒自己，常回家看看！

（钟　河）

早晨看到的是太阳

　　她是个单亲妈妈，在确诊孩子无望后，他狠心地抛下了她们母子，失踪了。她一个人拉扯着孩子。

　　这些年，她背着儿子，到处求医问药。可惜现代医学，对自闭症还是束手无策。

　　她可怜的积蓄，早就花完了，能借的，也都借了，就连退休的父母，也将工资的一大半给了她们母子。可是，仍然填不了这个无底洞。很多人劝她，你还年轻，不如趁孩子还小，丢了，或者送到孤儿院，自己再找个好人家嫁了，好好过完自己的下半生。她坚决不同意，他是自己的骨肉，她怎么可能丢下他不管呢？虽然儿子已经快8岁了，却连一声"妈妈"都没有喊过。

　　但是，窘迫的现状也不得不改变，她们已到了山穷水尽的地步。她和母亲商量，让母亲来帮帮自己。

　　她找到了一份夜班的工作，从晚上8点到凌晨2点。每天，晚8点之前将儿子哄睡着，然后，由外婆陪着他睡，她赶紧骑车去单位上班。好在单位离家不是很远，骑车十几分钟就到了。她终于又有了一份工作，这至少使她们母子可以有基本的生活保障。

每天半夜回到家，她都感觉自己就像被掏空了的油灯一样。可是，只要看到儿子哪怕有一点点的进步，她的身上，就会重新焕发出力量。儿子，那是她唯一的希望。

为了让她在短暂的时间里睡得踏实一点，母亲建议自己陪着外孙睡觉，这样，她半夜下班回来，可以直接到另一个房间去睡。她没答应。一方面她知道，母亲已经老了，对付像儿子这样完全不讲道理的孩子，根本就力不从心。还有重要的一点，那就是她希望自己能够随时陪伴在儿子身边，她知道自闭症孩子都有一个共同的特点，不喜欢环境改变。她要让儿子每天醒来的时候，第一眼看到的，都是她的面孔。她要让儿子知道，妈妈永远陪伴在他身边，无论何时，无论何地。

因此，每天晚上在她去上班的时间，由母亲陪着儿子睡。等她下班回来了，再让母亲回自己的房间，她来陪儿子。为了不吵醒儿子，她习惯了在家里踮着脚尖走路。有时候天冷，从外面回来，身上的热气都被寒风刮尽了，她就干脆先在楼下跑几圈，将身上跑热腾了，再回家。她怕自己身上的寒气，冻着了儿子，吸了儿子身上的热量。

这么多年了，儿子每天醒来，第一眼看到的，都是妈妈。

那是个雪后的早晨，因为昨晚下班回家时，路上受了冻，她感觉自己昏昏沉沉的。她第一次在儿子醒来的时候，还没有醒。窗

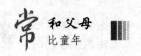

外，太阳已经升起来了，暖暖的阳光，洒在窗台的白雪上，散发出橘黄的暖色。迷迷糊糊中，她听见一个喃喃的声音："太阳，妈、妈妈……"

她几乎是一蹦而起，兴奋地看着儿子。她捧着儿子的脸："星儿，你是喊妈妈吗？"

儿子却没有回答她，指着窗台上橘黄色的阳光："太阳……"

她的眼泪夺眶而出。看着窗台上跳跃的阳光，她终于看到了希望。

（孙道荣）

摇篮情思

一叶如梦的扁舟，停泊在母爱的深处，停泊在我生命的源头。不经意间，这叶小舟就会跌进我深情的梦海，漾起朵朵美丽而洁白的涟漪。我看见年轻的母亲，正在爱意绵绵地推摇着弯月般的小舟，而我就枕着如水的月光，酣睡或欢笑。一首洞穿岁月、回味绵长的歌谣，缓缓溢出母亲开启的双唇，然后宛若甘美清亮的露珠，滴落在我稚嫩的心田。那叶停泊在岁月深处的小舟，就是故乡老屋里的摇篮，悠悠摇过我纯净似水的童年。

在北方，摇篮盛满了母亲的梦想和祝福，也成为延续母爱的一种妙不可言的方式。现在，我借助这一古老而传统的乡村民俗，逆岁月之流而上，并最终在我生命的源头，发现它，发现母亲！我想我之所以能够涉过所有的岁月之河，是因为站在中年高地的我，可以看得更远、更深邃。

我双手合十，两眼垂泪，我知道风华不再的母亲就凄然地坐在故乡的屋檐下，母亲的暮年就像渐渐枯萎的花朵。垂垂老矣、白发苍苍的母亲，是否记得远去的摇篮和溅出摇篮的缕缕童真的哭闹与

欢笑？当我从摇篮出发，沐浴母爱的阳光，最终抵达异地的苍凉和
旷远，抵达漂泊的旅程时，在我蓦然回首的刹那，我怀着深切的感
恩之心，面对母亲佝偻的身影和盼子归乡的焦灼而失望的眼神。

摇篮是一种写意，也是一种象征。多少年前，我就在悠荡的摇
篮里送走了乡村的童年。在母亲经历了十月怀胎一朝分娩的欢欣和
苦痛后，摇篮便不再是母亲梦境里虚幻的道具。一个柔嫩纯洁的婴
儿，从摇篮开始踏上了漫长而艰辛的生命的旅程。在母亲年轻的怀
抱中，在母亲疼爱的目光中，一个小生命像一棵嫩绿的树苗，可以
长出年轮拥有自己的梦想，可以跋涉、体验远山近水的瑰丽和奇妙，
可以爱或者恨，在渐行渐远的道路上，倾洒泪水和欢笑。而童年的
摇篮，就停泊在我梦的边缘，停泊在母亲的召唤中。我走得愈远，
摇篮距我愈近，母亲的爱也愈发深切和凝重。

一叶轻舟或一弯新月，足以使我感悟母爱和生命的重量。只是
故乡屋檐下年迈的母亲，还会哼出曾经熟稔于心的摇篮曲吗？还会
梦见摇篮里那张纯真的小脸和那双嫩藕般的小手吗？我依然年轻，
而母亲却渐渐老了。

穿过厚重的红尘和缤纷的雨雪，我看到一条无形的爱的纽带，
从摇篮的边缘悄然滑下，滑进我的梦海，滑进我柔软的记忆。我将
带着母亲的梦想和祝福，在黎明出发，抵达远方，在一个芳草萋萋
的湖畔，重新发现母亲。

（西 风）

父亲的小提琴

在纽约留学的第二年，父亲的公司破产了。那把用了三年多的小提琴不识时务地"罢工了"，舒乐只好给父母写了一封信。一个月后，她收到一个包裹，上面写着：贵重小提琴，请轻拿轻放。

她激动得满脸绯红，对同学说："看，我爸爸寄来的小提琴！"几个同学凑过来。有人小声咕哝："这样的小提琴，一看就是便宜的地摊货，根本就没有资格在高雅的音乐学府里出现。"舒乐窘得满脸通红，强忍泪水，默默地把小提琴包好，塞到床底下，再也没有动过。

几个月后，学校要举办小提琴大赛，杰克逊教授找到舒乐，说，她对小提琴的把握，有着其他同学所没有的准确和细腻，希望她能去赛场上一展才华。舒乐低着头，好久没说话。

杰克逊教授很纳闷，问："有什么问题吗?"

舒乐吞吞吐吐地说："教授，我的小提琴坏了，我没有小提琴。"

杰克逊教授说："可是，我听同学们说，你爸爸给你寄来了一把小提琴。"

舒乐咬着嘴唇："那是地摊货，根本就拿不出手，我怎么好意思用它去参加比赛呢？"

杰克逊说："据我所知，中国是世界上最大的小提琴生产基地。这些年来，中国制造的小提琴在国际上频频获奖，好多产品都是高品质和低价格的完美结合，你爸爸寄来的说不定是一把好琴呢。"

舒乐跑回公寓，拿来小提琴，交给杰克逊教授。杰克逊教授接过小提琴，轻轻放在桌上，找来一块洁净的棉布，将它擦拭得一尘不染，他用这把小提琴演奏了一曲，说："这把琴很好，完全可以与名牌小提琴媲美。"

从杰克逊教授的办公室出来，舒乐充满了信心。走过一条林荫小道，她索性坐到台阶上演奏起来。舒缓的乐曲在林间回荡，不多时，周围就聚集了不少同学。他们简直不敢相信这么优美的曲子是从这样普通的小提琴中流淌出来的。

大赛开始了。舒乐走上台，不远处，杰克逊教授正用殷切的目光看着她，她信心倍增。这时，她听见几个同学窃窃私语："你看那地摊货，多寒酸哪。"

她深受刺激，再也无法融入音乐中去。这次大赛，舒乐输得很惨。

杰克逊教授找到她。舒乐惭愧地说："教授，我……"杰克逊教授笑了笑："不要自责了，比赛发挥失常，这种事儿很常见。我这次来，是想借你的小提琴用用。一个月后，我将举办一场个人演奏会。

到时候，我想用你的小提琴演奏。"

杰克逊教授的个人演奏会如期举行。杰克逊教授用那把没有商标的"地摊货"演奏了一首又一首华美的乐曲，赢得一阵又一阵掌声。

演奏会结束后，一位细心的记者发现了那把小提琴的不同寻常，前来采访杰克逊教授。杰克逊教授拿着小提琴，来到舒乐面前说："这把小提琴是这位同学的，来自世界上最大的小提琴生产基地——中国。"

教授的盛赞让舒乐心里受到很大的触动。此后，用那把小提琴演奏时，坦然多了。不管面对多么挑剔的目光，她都能心无旁骛地演奏。她的小提琴演奏水准大幅提高。一年后，学校又举办小提琴大赛。她以一曲《心在远方》征服了观众和评委，获得第一名。

拿到奖金后的第二天，舒乐登上回国的飞机。一进家门，舒乐就嗅到一股刺鼻的中药味。父亲躺在床上，母亲坐在他身旁，端着一碗中药说："老头子，快，趁热喝了吧。"两位老人见到女儿，惊得半天没合拢嘴。

母亲告诉舒乐，父亲是累病的。公司破产后，要债的人堵上门来，老两口卖掉公司，又变卖了大部分家产。舒乐拿出3000美元塞给母亲，又拿过小提琴，含着眼泪给父母演奏起了《心在远方》。

一曲终了，父亲的目光落在小提琴上，他喃喃地说："公司破产后，我一直在外打工，我打工的那个地方是全球最大的小提琴生产

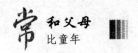

基地，世界上每三把小提琴中，就有一把是那里生产的。寄给你的这把小提琴，就是我亲手制作的。"

舒乐低下头，轻轻地抚摸着小提琴，刹那间，一股暖流涌遍全身。

（深　蓝）

纯情最是少年时

　　我不能不承认，不管我多么真心地留恋，多么认真地一读再读，少年青春还是像一本太薄太薄的书，早已被仓促地翻了过去。

　　当蹚过了道道江河，越过了重重山梁，走过了波浪起伏的长长心路，万里山川被留在身后，终于看到了许多珍贵的景色。这些景色有灿烂的、有多彩的、有动人的、有迷幻的，却不都是美丽的。

　　合上那本青春小书的时候，困惑很多，不知道该怎样问大人，故只能常常问自己，人生是由许多种色彩组成的吗？一定都要看到吗？都要遇到吗？当真正经历过了，慢慢地明白，人生本来就是这个样子。虽然可以躲避，也有歧路可走，但那却是个例的、不完整的，甚至是残缺的。

　　真惭愧，过了知天命之年，却仍不知什么是"天命"，甚至好多问题没有找到答案。好在有个健全的大脑，思考也始终没有停止。

　　绵绵而漫漫的思想中，总有一块"绿地"。偶然到了那里，就会觉得身心踏实安全，甚至有一种心灵归宿之感。你看，弥漫的雾色褪去之后，出现一个斜背发白的军挎的孩子，眼睛是那样地纯洁明亮，走路也不左顾右盼；一会儿，又多了几个年龄相仿的孩子，嬉笑打闹，尽管有时荒唐，却互不设防。他们清澈明净的眼底仿佛在说，这是无猜的年华、纯情的时代，我们的本性纯真而善良。

这样愉快地回首，有时会令我感叹不已，一时的幸福原来是如此简单，尽在个人的体验之中。

纯情最是少年时。当有一天回到成长的地方，就像岁月长河里的水手，经历了风风雨雨，转回了熟悉的河流，听到了久违的乡音，停靠在温暖的港湾。看到分别了三十多年的儿时伙伴、少年同窗，感慨岁月的刀刻斧凿，让许多人改变了曾经俊朗秀丽的容颜，甚至过家家做过"夫妻"的人，迎面而来却不能很快辨认。那一刻，就连古人创造出的无数形容人生苦短、时光飞逝的语句，都显得苍白无力了。青春少年，那真是个值得流连忘返的年代。翠绿的春天、金黄的秋景，都是人间的美景，但红红的枫叶怎样镶拼，也无法再恢复成春天的绿野。过去的美好，只能深深地保留在记忆里了。

人间自有真情在。虽然人"成熟"了，但却失去了纯真。不得不承认，这个代价实在太大了。人被世故了，也意味着青春逝去，甚至比生理上的青春凋谢得更加无情。但是，看看那些发小、同窗的眼神里，真情的光芒不是没有熄灭吗？谁都怀念纯真，又都在追求"深沉"。但浮躁的社会里难有真正的深沉，长大了还能纯真到十分，也许才是真正的深沉。看看现实生活中，何尝没有真情的光芒呢！真情是神圣的，属于最高类型的情感，与物质完全不同。

当今什么人最富有？拥有了真情才是真正的富有。但真情永远不是轻而易举能得到的！想要拥有真情，需要心底的阳光、不倦地寻找、认真地思考和精心地呵护……

（栾建军）

有爱不觉天涯远

　　男人爱一个女人往往从怜爱开始，而女人爱上男人，则大多源于崇拜。张维桢爱上相貌平平的罗家伦，就是出于对青年才子的崇拜。

　　罗家伦是五四运动的弄潮儿，声名赫赫的学生领袖。他亲笔起草的著名的《北京学界全体宣言》，简单明了，慷慨激昂，掷地有声，激起了全国学生的爱国热情。1919年12月，罗家伦作为北平学生的代表，前往上海开展学生团体串联。在充满异域情调的美丽的黄浦江畔，他邂逅了生命中的另一半——张维桢。

　　这年隆冬的上海，热火朝天。在南京路召开了"全国学生联合会成立大会"，八千多名学生将繁华的南京路挤得水泄不通。罗家伦激情澎湃的演讲，让南京路成了沸腾的海洋。台下一隅，站着上海女子学校学生张维桢。群情激昂中，她专注地盯着台上"传说中"的罗家伦，满面绯红，他的每一句话，每一个手势，每一种表情，都让她如痴如醉。在那个年代，罗家伦、傅斯年、段锡朋是青年人的偶像，打动了无数女孩子的芳心。张维桢打心眼里崇拜罗家伦，

"中国的土地可以征服而不可以断送！中国的人民可以杀戮而不可以低头！"罗家伦写的这两句话，已成为她的座右铭。只是一南一北，她无缘与他相见。这一刻，他的激情，他的睿智，他的风采，由那演说一字一句地传递出来，敲击着她的心扉，那么近，滚烫、热烈，直抵人心。爱情就在刹那间产生，少女张维桢被爱情秒杀了。张维桢身上瞬间被附上一股力量，人山人海中，她居然能挤到会场前台，大声地对罗家伦说：我叫张维桢，请你今后多指教！并将写有联系地址的纸条递给他。热情大方、青春美丽的张维桢，让罗家伦的心轻轻地颤抖了一下，一向机智风趣、口若悬河的他，那一刻，竟羞涩得像个邻家男孩，只茫然地嗫嚅道：好的，好的！

爱情着实奇妙。罗家伦曾主张"爱情必须要有双方人格上的了解"，他从不相信"一面爱"或者"照片爱"，但爱情与他开了个小小的玩笑。只一面，就擦出了爱情的火花。回到北京后，罗家伦失眠了，像每一个恋爱中的男孩一样，辗转反侧，犹豫不决，患得患失：她留给我通信地址是让我给她写信？她喜欢我吗？罗家伦想立即写信表达心迹，又怕唐突佳人。聪明的他，灵机一动，给张维桢寄了两张风景明信片和两张小型风景照片。忐忑，期盼。一周后，张维桢回信了，她回赠一张个人小照片。照片上的张维桢笑语盈盈，青春可人，罗家伦心花怒放。一个女孩子将自己的小照寄给他，自然是意味心仪。他在日记里写道："就是你的照片，使我看到人生无限的愉快。"他和她开始鸿雁传书，漫长的爱情之旅悄然开始了。他们谈人生，谈理想，谈彼此的生活，有时也会小心翼翼地相互试探，像两只小小的蜗牛，轻轻地伸出爱的柔软的触须，小小的心事，千回百转，在纸上，犹如蠢蠢欲放的花蕾，写满青春的悸动与绽放的渴望。

时间在往返的锦书中飞逝，爱情在等待中升温。第二年秋天，罗家伦经上海到美国普林斯顿大学留学，他本想与她在沪见面，畅叙别后思念之情。遗憾的是，张维桢已转学到湖州湖郡女校读书，而罗家伦到上海后又患上重感冒，高烧不退，无法去看她，相距不过二百里，却生生错过了。临登船时，他给张维桢发了封信："来沪未能一见，心中很难过。玉影已收到，谢谢。不及多书，将离国，此心何堪，余容途中续书。"汽笛一声肠已断，满带着遗憾和思念离开的罗家伦，在船舷上，将目光一次次回望，思念像浩渺的烟波，无边无际漫延。

刚到普林斯顿大学，罗家伦马上给张维帧写信。在海外读书期间，罗家伦除了读书，就是写信，他们平均三天一封短信，十天一封长信。普林斯顿大学秋天的校园，安静又温馨，满林的霜叶，明媚的湖光，看书疲倦后，罗家伦常徘徊在校园通幽的曲径，思念着远方的伊人，夜深同月说相思，日出与草诉衷情。罗家伦很关心张维桢的学习，他劝告她多钻研学问，说这是"终身的事业"，给她寄学习资料，希望她学好英文，要她多读名著，将文字与思想一起学习。罗家伦寄给张维桢的书有易卜生戏剧三种，王尔德戏剧三种，就连怎样读也交代得清清楚楚："诚恳的心思，愿随太平洋的水流到彼岸。"书是他们传递心意的绝佳方式，读同一类甚至同一本书，两个人的精神交流更愉悦，两颗心靠得更近，似乎超越了距离，相隔一个太平洋，两个人的目光在一本书上时时相遇。

一封封漂洋过海的锦书，像他们的爱情，在不断深厚。他们的信总能让对方读后心中柔软，心意荡漾。信越来越多，感情也越来越深，罗家伦写给张维桢的情书，字里行间的微妙变化是对她的称呼，由刚开始的"维桢吾友"，逐渐变成"维桢""维桢吾爱"，到最后更成为"我生生世世最爱的维桢"。在信中，他和她除了谈论民族兴亡和学问之道，也会如平凡热恋的男女一样，变得敏感任性乃至小孩气。虽然，两人在心中总是推心置腹，但由于无法面对面交流，误会也是在所难免。当一方书信变少时，另一方面会酸酸地发牢骚："你近来少写信。想是你朋友很多，忘记在远方的人了。"但当收到爱人的照片时，又会变得兴奋异常，"感激欢喜的心，不必我说。"罗家伦用情缜密至深，台上，他是气定神闲的上将军；台下，他是温情脉脉的小男人。有一次，罗家伦寄给张维桢一副颈珠，珠子是他精心挑选的，"我选的一种颜色，自以为还清新，配夏天的内衣服或粉红衣服，都很好看。望你不嫌弃，作为我想起你的纪念。"这份遥远的礼物，千里之外的心意，深深地感动了张维桢。

罗家伦先后留学美欧，读过六所学校，历时七年，终于要学成回国了，想到就要回到心爱的女子身边，心情何等澎湃。可是等待他们的，又是一场分离。此时，张维桢申请到美国密歇根大学的奖学金，即将赴美留学。他一直盼望她到外国留学，在国外相聚，可梦想成真了，他偏偏又要回国了。他不想让她失望，他要支持心爱的人赴美读书。这年夏天，罗家伦匆匆回到上海，两人终于第二次见面了，这距他们第一次见面已经七年过去了。一个多月的团聚时间，朝朝暮暮都是情，两人互相托付了终身，他们约定她学成后就结婚。这年秋天，张维桢去美国留学。两人又开始以情书诉说相思，更苦涩，更热烈，如罗家伦信中所言："信停止了，念你的意志还没有停止。""怀中的热火烧着，口中还是发生津液。想你的吻，一次、两次……至无限次。望你好好保重，永久爱你。只希望永久被你所爱的窒息。"

爱是最强大的动力，第二年张维桢获得学位，马不停蹄地回国了。隔山隔水的爱情，经受住了时间和空间的考验，更加甜蜜，更加淳厚。1927年11月，罗家伦和张维桢终于在上海结婚了，那时，他们都已年近三十岁。从此，他们真的过上了童话里王子和公主的爱情生活，以伉俪而兼师友，温馨幸福地相伴一生。

有人说，时间是爱情的毒药，空间是爱情的杀手，但是罗家伦和张维桢的传奇之恋却用行动证明：有一种爱，开始了便注定是一辈子。

（施立松）

妈妈牙疼

50岁以前，我的牙一直很好，所以没有牙疼的体验和感受。然而，就在去年的一天，莫名其妙的原因，我患上了牙周炎。开始我没把它当回事，心想：不碍事的，挺一挺就会过去了。没成想，到了晚上，牙疼劲儿突然上来了，整个牙床都在剧烈地震荡，像脸被人打了一巴掌，又像是手指尖深深刺进了一根针。直到这时，我才真正体验到"牙疼不是病，疼起来真要命"是至理之言。

我被牙疼折腾得辗转反侧，难以入眠。不知是哪根神经的作用，突然间我想起了远在天津老家的妈妈——她也有过牙疼的历史。

我刚上小学的时候，妈妈还年轻——尽管已经50岁出头，早已成为9个孩子的母亲。她整天除了做三顿饭、操持家务外，还要照料当时正在生病的父亲。到了晚上，她还得带领全家人搓草绳、打草袋子——当时从生产队里一年领不到几个钱，全家只能靠此为生。奇怪的是，我有时夜里一觉醒来，看到妈妈还没睡，双手托腮，不知在想什么。我说："妈妈，已经半夜了，您快睡觉吧。"妈妈说："你睡吧，我这就睡。"她什么时候睡的，我就不知道了。

　　直到有一天夜里，一阵轻微的哼哼声把我惊醒，一听，声音是妈妈在似睡非睡中发出的。我以为妈妈在做噩梦，便赶紧用手去推她。不料，手刚刚伸出去，妈妈就说话了："老三，把你吵醒啦？妈牙疼，忍不住哼出声来了。这会儿疼劲儿过去了，没事了，你快睡吧，明天一早还要去上学。"第二天一早，照例是妈妈第一个起来，给我和哥哥做好饭，打发我们去上学，然后又开始了一天的忙碌，就像头天晚上什么事情也没发生过似的。如今回想起来，我所见到妈妈夜间睡不着的时候，都是妈妈在闹牙疼。我们几个孩子之所以长时间没能发现，是因为妈妈不肯惊动别人，她情愿将所有的痛苦都由自己忍受下来，包括这钻心的牙疼。

　　大约在妈妈60岁刚过的时候，她的牙疼病终于结出了恶果——开始掉牙了。牙一个跟着一个地往下掉，没过几年，满口的牙竟掉得一个不剩。我应该知道，妈妈的牙掉得这么快，我有着不可逃脱的责任。那一年，我心血来潮，非要到北大荒去不可。尽管妈妈起初并不同意，但见我态度坚决，也就没有阻拦。不过，在准备离家的那些天，我分明察觉到妈妈夜间不睡的境况明显地增多了。下乡三年后我第一次探家，发现妈妈不但明显见老，而且两腮深陷——牙已经掉光了。是我的离家、我的不孝，使得妈妈的身体和精神过早地进入了老年。我深以为悔，只能在心里说：我对不起您了，妈妈！

　　还是在妈妈掉第一颗牙不久，我们几个孩子就劝妈妈镶牙。妈妈却说："不是自己身上长的，就是镶上金牙，也会觉得硌里硌生的不舒服。"任谁劝她也坚决不镶，直到满口牙全掉光了，也还是不听劝。一次回家，见妈妈咬大葱一连几次都没能咬断，我心中不免有几分着急，几乎带有强制性的口气要带她去镶牙。可妈妈无论如何还是不肯，还一个劲儿地对我说："没事的，我已经习惯了。你不知道，就连大饼子我还能啃呢，慢着点儿吃就是了。再说，我快70的人了，还能活几年呀！"既然如此，我还能说什么呢！就这样，妈妈仍然是空口无牙，仍然是用牙床吃饭。

恐怕连妈妈自己也没有想到，在她说过"还能活几年"的话20余年之后，依然顽强地活着，今年已经九十有一了。是妈妈的生命力强吗？当然是。但，在我看来，说忍耐力强似乎更准确些。顽强的生命力来源于坚强的忍耐力，至少对妈妈来说是这样的。记得，在妈妈80多岁的时候，我曾同因患脑血栓已经卧床不起的妈妈闲聊，不知怎么说起了她的牙。大概是因为事情已经早就过去的缘故吧，这回她说了实话。"你是不知道哇，牙疼起来钻心似的，那个难受劲儿就别提了。每当牙一疼，我就拼命多干活，手上一忙乎，就觉得没那么疼了，慢慢就这么对付过去了。最严重的那一阵子，满口的牙全松动了，吃起饭来，没有一处可以下嘴的地方，可是不吃又不行，干活得有劲儿呀！就只好将就着吃。哪敢用牙嚼啊，简直就是生往肚子里头吞。再后来，牙一个一个全掉光了，吃饭就全靠牙床子了。牙床子嚼东西哪有牙得劲儿呀！硬的东西不能吃了，就是稍微软一点的也只能一点一点地磨，哪敢使劲呀。时间长了，慢慢磨炼出来了，牙床子也能当牙使了。这不，没有牙，这么多年不也过来了吗！"

　　是啊，从开始掉牙到牙齿全部掉光，再把牙床当牙使，这一切的一切对于妈妈来说都已经过去了。可是，这30余年，她是以怎样的毅力度过的，忍受了多么大的痛苦啊！而这些，作为妈妈疼爱的儿子，只是在自己有了牙疼的切身感受之后，才有所领悟和体会，实在是太不应该了！我后悔，妈妈的牙疼我为什么没能早一点发现；我痛心，为我始终没能给妈妈镶上一副假牙。如今已经晚了，一切都晚了。连续卧床7年多的妈妈，已经不能坐到牙科病房的转椅上去了，即便能够坐住，怕是也没有足够的体力接受医生的治疗了。这一不能改变的事实，将成为我终生的悔恨，我将永远不能原谅自己。妈妈的忍耐，妈妈的坚毅，都是出于爱，对子女的爱呀！这一点，我怎么就没悟出来呢？我知道，妈妈的爱是不要回报的，我也自知无法回报，我所能做到的，只能是将妈妈的爱珍藏在心里，永远，永远……

　　　　　　　　　　　　　　　　　　　　　　　（郭庆晨）

好妈妈，用心孕育了三只"金凤凰"

2001年农历正月初四，我叩响了这位非凡母亲的家门，她向我讲述了她二十几年培养女儿成才的辛酸与欢乐……

没上大学是我终生的遗憾

（作为"老高三"毕业的曲宝琴，现在虽已功成名就，有了令人瞩目的事业及三位令她为之自豪和骄傲的女儿，但没上大学却始终是她一生的遗憾。）"要知道我的学习成绩一直是班里的第一名。"那天在曲宝琴那阳光明媚的家中，已过天命之年的她，提起往事仍感慨万分地说道：至今我仍清楚地记得1977年恢复高考的高考日期是11月26日，而我的老三却是在12月18日出生的。你说，我当时正挺着大肚子怎么参加高考，人家高考三天，我哭了三天……其实，听到恢复高考的消息时，我正在乾安县的一所中学任教，曾先后两次跑到县城想把孩子做掉，第一次去，看别人做完后，地上流了一滩血，吓回来了；第二次又咬了咬牙去，医生说孩子太大了，做不了，只好又回来了……老三考上清华大学后别人都说，多险把国家的栋梁之材做掉……

因为自己没有机会上大学，就特别希望自己的孩子能够上大学，替自己圆梦。所以，还在她们很小的时候，每天吃过晚饭，我就开始有意识地对她们进行启蒙教育，我先教她们背儿歌、读唐诗，培养她们的记忆力和想象力。当然我绝不是简单地教她们去读、去背，而是先把所有的诗歌都编成故事讲给孩子听，然后再让她们背下来。这样使孩子的印象深刻、容易理解，对儿童的智力开发很有好处。同时，我也注意对她们进行思维能力的训练，教她们数数，进行加减法的速算，并不时予以鼓励，以培养她们的学习兴趣。我从小就给她们渗透：读书是最幸福的，上大学是最光荣的。

当然，仅有早期的启蒙教育还不够，孩子上学以后，还要每天持之以恒地守在孩子身边，做她们的陪读，这不仅促使孩子养成一种学习上的耐力，也是一种巨大的母爱力量，使得孩子们学习更加奋发向上。我的三个女儿入初中学外语时，都遇到了同样的问题，外语感到吃力，特别是口语总是不行。于是，每天晚饭后，我都和她们一起学外语，雷打不动。我不会英语，我读汉字，孩子们读英语，我一个单词一个单词地让她们背、读、写，一个字母一个字母地核对，有一次我连续考了她们300个单词无一差错，我和孩子们的脸上都露出了欣慰的笑容……那些年，我家的电视总关着，孩子学习，我就拿着一本书坐在旁边，这是一个慢功夫，直到孩子把学习当成一种乐趣。我也把读书作为一种快乐，至今我仍保持着每天晚上七点至九点读书的习惯。做母亲的这种耐力，也在无形中影响着孩子们，我的三个女儿从小学到初中、高中，都是长春市数学竞赛的一、二等奖获得者。说来可笑，我在省教委工作，最有条件为女儿提供上重点校的机会，可她们任一个也没用我，均以优异成绩进入重点初、高中。

好多人看到我的三个女儿都考入全国重点大学，说我是世界上最幸福的母亲，但他们没有看到我十几年如一日抑或是从每个女儿出生那天起，就全身心地付出的辛苦。我1981年初随爱人调进长春市，被安排在市煤气公司教育科工作，结果下半年就得了甲亢，不久我又报考了省电大，参加成人高考。此时我的三个女儿，一个小学二年级，一个小学一年级，一个在幼儿园。我的这一举动遭到了全家人的反对，但我硬是咬紧牙关，一边工作、一边学习、一边治病，同时还要坚持辅导孩子学习。常常每天早晨5点起床，6点多便带着孩子一个跟一个哭啼啼地来到光机小学，小的再送到幼儿园。夏天还好说，一到冬天对我们母女无疑是一种毅力的考验。当时我读电大是全脱产两年，结果我一天也没耽误，22门课，除一科外均为90分以上。要知道当时我的月工资是38.60元，如耽误一天工资就没了。因我们刚从农村来，家境不好，每个月还要给我父母寄10元钱，我爱人每月62元，也要抚养他的父母。好在我是"老高三"毕业的，学起这些课程来也不算太费劲。

女儿，给我圆了大学梦

（辛勤的付出必然会有丰硕的成果。在曲宝琴家的写字台上，并列放着三摞红彤彤的获奖证书。）这是大女儿刘天时的，我的大女儿学习最刻苦了，每次遇到难题时，总是不弄懂不睡觉。1989 年中考时，她以总分第十二名的成绩被省实验中学录取，是她把两个妹妹带起来的。她曾先后获得长春市 1988 年中学生英语竞赛优秀奖、省初中英语竞赛二等奖、全国中学生作文竞赛优秀奖，她的作文有数篇被选入全国中学生作文选《100 个世界中》，1992 年被省实验中学保送进中国人民大学新闻系，曾任人大新闻周刊主编，1996 年毕业留在北京，先是在《三联生活周刊》任编辑；一年前她主动辞去公职，应聘到《南方周末》做记者，她的作品《四个乡村教师》被《读者》转载，在全国引起极大反响。这是二女儿刘天韵的，我的二女儿最优秀，非常理智，思维特别严谨，她决定做的事，任何事件也干扰不了她。在北大，她入学第一年就获得了新生奖学金二等奖，她所学的生化系是北大最好的系，属前沿科学。去年她在北大生化系研究生毕业后，又以优异的成绩赴加拿大读书，她的丈夫则在美国。她 6 岁上学，还在小学时，便在长春市小学数学竞赛中脱颖而出，多次获奖；上初中时她就是凭这些获奖证书进到省实验中学的。中考时，她在省实验中学录取的 180 名考生中名列第 79 名，到高三时，已是全年级的第一名了；等到 1993 年高考时，一下子考了全省理科第二名，那年全省 600 分以上的仅有两名；当时，我都不敢相信，直到亲友们纷纷前来祝贺时，我才相信这是真的了。等到老三考全省理科第二名时，我们全家倒有一种失落感；其实，东北师大附中是准备让她拿全省第一的，结果，她仅以 1 分之差屈居第二。看到我和她爸失望的表情，她倒十分坦然：老妈，什么事情都不能顶天。

其实，我老三最聪明，性格也特开朗、活泼，人缘最好。姐仨儿数她的获奖证书最多。本来我也希望她同两个姐姐一样就近到省实验读初中，那两个都听话，只有她偏不听，是我们家的小叛逆，非要到师大附中，结果那天我拿着她小学时的一摞获奖证书去给她报名，附中校长一看这些证书，便说，这么好的学生我们要了……回来时，我把装着她获奖证书的纸兜夹在后车座上，路过菜市场买菜时丢了。后来我又沿着那条路反复找，接着又贴出寻物启事……老三看我急得那样，连忙安慰我说：老妈，别上火了，等我上中学后再给你抱一摞回来。果然，她又给我拿回这么多，你看：这是她在 1991 年全国第三届"华罗庚金杯"少年数学邀请赛中获的三等奖；这是 1994 年全国高中数学联合竞赛三等奖；这是在第十二届全国中学生物理竞赛中获吉林赛区二等奖……1997 年她刚进清华，入校后的第一次考试，她们班有 26 名来自全国各省的状元，她竟拿了个总分第一名，得了 1000 元奖学金，并被同学推选为班长。

我前些天刚从北京看望女儿回来，清华园实在是太美了。想起

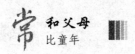

我女儿生活在这个世界上最美丽的校园里，真是一生的福气。我告诉她要珍爱这美好的环境与时光，让每一天都充实快乐。大学生活是人生的黄金时代，上万名优秀青年聚集在这里，环境育人，人赋环境。想起这些，人间一切烦恼都渺小得随风而去，剩下来的应该是真、善、美！

（圆　愿）